啤酒终极指南

好啤酒为什么好

BIÈRES LE GUIDE ULTIME

［法］吉贝尔·德洛斯（Gilbert Delos） 著　刘可澄　译

中国友谊出版公司

目录

聊聊
啤酒?

　　我爱上啤酒已三十余年。最初是因工作而接触啤酒。那时我在杂志社当记者，杂志社的生存发展可离不开啤酒的重要贡献，至少在经济方面如此。"啤酒就是收费的水"，同事的这句格言让我深受震动。

　　在那个年代，世人对啤酒的了解还有限，因此有很多误解，在法国尤其如此。许多人认为啤酒花是啤酒的主要原料，可许多常见啤酒中的啤酒花（*Humulus lupulus*）含量并不高。还有人将甘布里努斯（Gambrinus）视作古代的啤酒之神，可这个人物其实闻名于 19 世纪，而且是做广告宣传之用的！因此工作不久后，我决定揭开啤酒的神秘面纱。

　　时至今日，啤酒的地位与形象已不同以往，越来越多的消费者接受了啤酒丰富的口味与香气。对我来说，初涉这一行时啤酒不过是用以解渴的万金油饮料，而如今邀游在啤酒浩渺的风味宇宙中，我却能惊喜连连。

　　如今，世人重新对啤酒产生了兴趣，这绝不仅仅是一阵短暂的风潮。因此，我在书中会讲解关于啤酒的方方面面，从历史、原料，到

酿造方法。我也希望借此机会澄清几个谣言，揭开真相。正因为啤酒行业缺少真正的鉴赏家，这些谣言才得以流传至今。

　　啤酒风味多变，关于它的解读方式也多种多样。独自品鉴或欢聚一堂，餐前小酌或餐后品饮，无论以何种方式，无论在何时，总能找到一款合适的啤酒；用啤酒来佐餐更是不在话下，无论头盘还是甜点，啤酒都能与之搭配。

　　除了风味，我对啤酒的热爱也来自酿造啤酒的男男女女。通过工作采访，我结识了许多酿酒师。在本书中，我将讲述十位酿酒师的故事，他们无一不对啤酒怀有满腔热忱。为了啤酒，有的酿酒师彻底改变了生活方向；有的投入了大量时间，只为酿造出自己喜欢的味道；还有的继承了家业，在困境中维系着数百年来的家族传承。

　　为了酿造啤酒，酿酒师掌握了多少酿造技艺，又付出了多少努力？啤酒作品在多大程度上是酿造技艺的果实？在我看来，这些问题的答案才是最重要的。

　　了解酿酒师的故事后，又如何能不爱上啤酒呢？

← 香气馥郁、气泡绵密的啤酒。

历史

啤酒是最古老的酒精饮料，已诞生数千年，如今又重焕生机。历史长河中的啤酒展现出各式迥异的面貌，但无论如何，啤酒始终由水、谷物与酵母制备而成。多么健康！

HISTO-RIQUE

从新石器时代到大工业时代

从人类不再逐水而居，改为栽种植物（比如谷物）、驯养动物的定居生活的那一刻起，原始的啤酒就诞生了。在人类发展的道路上，啤酒一直伴随着我们，直至今天。饮用啤酒既能解渴、果腹，也能尽享欢乐。啤酒形式多变，从未停止进化。这一切都表明，啤酒有着光明的未来。

始于谷物

啤酒是人类酿造的第一种饮品，诞生于人类历史上的重大变革时期，虽然没有证据能证明这一点（当时可没有互联网）。那是公元前10000至前9000年的新石器时代，当时人类的生存方式逐渐从狩猎采集转为种植饲养，从环境中的捕食者变为生产者，与其他动物（除了蜜蜂）有了区别。

这场变革似乎始于公元前10000年的中东地区，但并非一蹴而就，不同大洲的变革速度不一。而且，旧石器时代似乎还未完全终结，毕竟直到今天，依然存在以狩猎为生的族群。

为了填饱肚子，男人——当然少不了女人——开始播撒种子，收割庄稼，不再以偶然性极强的打猎及采集活动为生。历史学家称，小麦与大麦能为人类提供生长发育所必需的蛋白质，或许是人类最早种植的两种植物。

食用小麦与大麦前，首先要学会加工这些粮食。一天肯定学不会，一个世纪也不一定能学会。将谷物磨碎，加水揉成团，煮熟后便可食用。但在加工过程中，环境中的细菌或天然酵母（水果表面就有这种酵母）很可能会污染含有大量糖分的谷物面团。

于是，面团意外发酵，糖分转化为酒精，酒就诞生了。或者应该说，一种以谷物为原料的酒精饮料诞生了，这和你所喜爱的啤酒还有不小差距。

面包和啤酒都诞生于这个时期，谁先谁后尚无定论，就和"先有鸡还是先有蛋"的问题一样。不过这并不重要。无论加工成面包还是啤酒，谷物都变得更容易消化了。而啤酒还有一个小优点，那就是含有酒精。远古时代生活艰苦，有了酒精，人类便能更好地支撑下去。

中国与中东地区均有距今10000至12000年的陶器出土，证明了啤酒的存在。

人们确实在陶器上发现了这种发酵饮料的踪迹。虽然酒精度无法测量，但可以确定酿造过程中经历过发酵，因此，饮料中理应含有酒精，这一点毫无疑问。

很早很早以前，人类就应该已经能使用部分野果——比如远古时代的欧洲野生葡萄——进行发酵，制得发酵饮料，也就是含酒精的饮料。但与谷物发酵饮料相比，这种饮料营养价值较低。而且，自公元前6000至前5000年起，高加索人才真正开始种植葡萄树，埃及人与腓尼基人则直到公元前3000年才开始种植。此时啤酒已广为人知且有所改良，不再是原始的发酵谷物糊。

在部分文明中，啤酒有着重要意义。4000年前，苏美尔人为啤酒写了一首赞歌，描述了啤酒的酿造过程，向宁卡西女神（苏美尔文明中的啤酒女神）致以敬意。1988年，美国铁锚酒厂（Anchor Brewing）以此为灵感，试图再现苏美尔啤酒。铁锚酒厂选用生大麦、烘烤大麦、大麦麦芽及蜂蜜作为酿造原料，并加入了椰枣糖浆。在古埃及，heneket（4500年前用的词）一词指的是以谷物及椰枣为原料的酒精饮料，加入椰枣会使风味更加丰富。据说，是神明奥西里斯将这种饮料带到了凡间，上至法老，下至农夫，所有古埃及人都会饮用。喝下这种饮料便会产生醉意。那时的人们认为这是亲近

↑ 古埃及女祭司庇佑谷物的丰收。

中国与中东地区均有距今 10000 至 12000 年的陶器出土，证明了啤酒的存在。

神明的绝佳途径。heneket 不仅仅是一种普通的日常饮料，它还能让往生者在冥界继续生活。许多古埃及墓穴中都存有大型啤酒瓮（与盛装葡萄酒的双耳尖底瓮并不一样），证实了这一点。

虽然亚洲文明、玛雅文明、非洲文明中都有啤酒的踪迹，然而当苏美尔文明消逝、古埃及文明没落后，啤酒在欧洲与地中海沿岸地区也变得无人问津。古希腊人及后来的古罗马人偏爱葡萄酒，看不上啤酒。一方面，比起大麦，当地的葡萄长势更好；另一方面，葡萄酿制的酒饮酒精含量更高。其实，就算有古希腊人饮用啤酒，也是穷人居多。而葡萄酒更为昂贵，是专属于富裕阶层的饮品。但是，我不会据此推断古希腊与古罗马不存在啤酒，这缺乏历史依据。

啤酒在凯尔特文明及其他蛮族中受到了较好的待遇。当地气候寒冷，葡萄树难以生长。那么是不是可以说，啤酒就是半野蛮人的专属饮料？最近的两大发现有力驳斥了这一观点。历史学家菲利普·沃卢埃（Philippe Voluer）在其遗著中揭示，加泰罗尼亚的基诺遗址中出土了酒精饮料，酿制时间最晚为公元前 1000 年；意大利北部的蓬比亚地区也出土了酿造于公元前 550 年的酒精饮料，远远早于凯尔特人到达这些地区的时间。

因此，我们应对一概而论的观点抱持怀疑态度，时常关注考古新发现，而不是瞎写一通！

↑ 以色列阿什凯隆啤酒博物馆，古埃及的啤酒酿造用具。

塞尔瓦兹其实是一个拉丁名字，源于罗马神话中的谷物女神克瑞斯。

高卢大麦啤酒的谣言与其他无稽之谈

谈论啤酒在高卢人——更确切地说是凯尔特人[1]——生活中的地位时，我们会惊讶地（这个词并不足以表达我的情感）发现许多毫无依据的传说。除了少数碑文外，凯尔特人没有留下太多文字资料。我们了解的一切信息，均来自凯尔特人的邻居、敌人——古希腊人及古罗马人（尤其是古罗马人）。古罗马人不是老道的酿酒师，对啤酒酿造技艺的记录并不尽如人意。这一点从古罗马人为高卢大麦啤酒（cervoise，见第159页）起的名字"塞尔瓦兹"就能看出来。

塞尔瓦兹其实是一个拉丁名字，源于罗马神话中的谷物女神克瑞斯（Cérès）。菲利普·沃卢埃认为，高卢大麦啤酒还有其他名字，比如 zythos（源自埃及语）、celia（或 cerea）、korma（或 curmi）、bracios（源自凯尔特语中的 brai 一词，意为"大麦麦芽"）、camum、émbrekton，甚至包括 medum（或 medos），这个词的意思是"发酵蜂蜜水"。圣万德利耶修道院中藏有一份835年的文献，提及了 Sicera Humolone，翻译过来就是"含有啤酒花的饮料"。关于高卢大麦啤酒最荒谬的说法绝对是这种啤酒不是用啤酒花酿造的。首先，没有书面资料明确提到过这一点（这显而易见，因为那时本就没有任何书面资料）；其次，虽然许多资料显示大名鼎鼎的啤酒花出现于中世纪，但事实并非如此。公元前6700年，啤酒花就已为人所知。公元前700至前500年，人们很可能便已开始种植这种植物。如果古罗马人谈论高卢大麦啤酒的酿造技艺时没有提到啤酒花，或许是因为他们没能在为啤酒增添风味的多种植物中辨认出啤酒花。

啤酒花遍地生长，因此未在贸易渠道中流通。到了中世纪，当时的酿酒师没有将啤酒花记录在账簿中，只因使用啤酒花无须缴税！

希尔德加德·冯·宾根是12世纪的德国修女，也是医生、草药师，崇尚神秘主义，我十分敬重她。人们普遍认为，是希尔德加德发现了啤酒花的多种用途，但这种想法欠考虑。毕竟，谁会相信那个年代的酿酒师能接触到希尔德加德用拉丁语写就的著作呢？彼时，古登堡还未诞生，希尔德加德的著作仅仅在数间修道院中传播，酿酒师根本无法触达。而且，酿酒师和大部分酒客一样，很可能都是文盲。

回到高卢人身上。有一种说法认为，酿造高卢大麦啤酒时必须加入蜂蜜。这是无稽之谈，没有任何证据能证明这一点。当然我们可以假设，为了让啤酒更香甜，高卢人会往酒液中添加蜂蜜。那个年代，人们还没有发现蔗糖与甜菜糖，只知道蜂蜜。但这也只能证明，蜂蜜与

1　高卢人是凯尔特人的一个分支。

→ 古罗马神话中的农业（尤其是谷物）及丰收女神克瑞斯，对应希腊神话中的得墨忒尔。

DEMETER. CERES.

制酒时加入的植物一样，都是为平淡无味的大麦汁增添风味的辅料罢了。

不过，高卢人发明了木质酒桶，这倒是真的。有了木质酒桶，运输啤酒及葡萄酒变得方便多了。

相较于双耳尖底瓮与陶罐，高卢人发明的木桶容量更大，也更结实。至于木桶对于酒液风味有何影响，书面资料再次缺失！

女性与修道士

啤酒历史中几乎未见女性身影，但其实数百年来，甚至数千年来，女性在啤酒的酿造和传承等方面都起了关键作用。很长一段时间里，酿酒与揉面、烤面包一样，属于家务劳动，是女性的分内之事，至少中世纪以前如此。中世纪以后，不少农村与贫困地区仍保留这一习惯。

女性的酿酒技艺早已失传，这实为一件憾事。当年的她们酿造了什么样的啤酒？酿造配方是什么样？我们已无从知晓。

在部分地区，尤其是中美洲与非洲，酿酒事宜完全由女性打理，因为负责嚼碎玉米种子或木薯种子（为了让谷物更好地发酵）的正是女性。

13世纪，教会认为女性是"不洁"的，不可接触酿造原料，因此禁止女性酿造啤酒。这实在令人难以置信！记得有一次，我在法国东部参观一家大型啤酒厂，导游请求"处于敏感时期"的女性不要进入酿酒室。说这话时，他自己还有点儿难为情。如今依然有人相信，女性的月经会干扰酿造过程。

由于缺乏书面资料，中世纪女性在酿酒方面所发挥的作用完全不为人知。而修道士站到了台前，直到今天仍是如此。一款啤酒，只要出自修道院，甚至只是起了一个与修道院相关的名字，它便自带光环。这有什么依据吗？看

↑魔鬼与上帝（就算不是上帝本人，也至少是他的使者）坐在啤酒桶上 —— 没有人会不喜欢啤酒……

女性的酿酒技艺早已失传，这实为一件憾事。当年的她们酿造了什么样的啤酒？酿造配方是什么样？我们已无从知晓。

来，若是将一天中的大部分时间用于修行、祷告，就能成为优秀的酿酒师。对此，我表示怀疑……

不过可以肯定的是，自中世纪早期起，修道士为改进酿造技术付出了不少努力。许多修道士不得不自力更生，通过工作养活自己。为了解渴，他们会依据气候条件酿造啤酒或葡萄酒。修道士清闲无事，因此能够精研酿酒技术。将修道士的酿酒技艺保存下来并传于后世的，则是仿制修道院啤酒的酿酒师。

著名的瑞士圣高尔本笃会修道院始建于9世纪，在其平面图上，有一栋标识为啤酒厂的建筑。当然，这张平面图与原始修道院（现已完全损毁）的建筑排布并不相符，只是理想中的模样。啤酒厂位于面包房隔壁，证实了两种生产活动间确有联系。专家表示，啤酒厂中至少有三间独立酿酒室，证明圣高尔的修道士会为不同阶层的人酿造不同的啤酒。这三种啤酒分别为：塞利亚（celia），高级神职人员与其访客的专属酒饮；酸味燕麦塞尔维萨（cervisa），修道士与朝圣者的日常酒饮；孔文杜（conventus），使用前两种啤酒的谷物残渣（质量较差）酿造而成，供修道院工人及穷人饮用。

除了美丽的广告画面，修道院的传统酿造技艺还剩下什么？说实话，已经不剩下什么了。首先，法国的大部分修道院都已关闭，或在法国大革命期间遭到损毁，就连比利时的修道院也难逃一劫。关于传统修道院啤酒的酿造方法，似乎没有任何书面资料流传至今。这没什么可奇怪的。毕竟在那个年代，无论是修道士还是世俗酿酒师，均以口述方式传授技艺。

关闭了至少一个世纪后，部分比利时特拉普派修道院重新开张，并召集世俗酿酒师为他们酿造啤酒。这些所谓源自中世纪的修道院啤酒其实并非由修道士酿造。多有意思！而且，如今的酿造条件也已与中世纪截然不同，无论是酿酒设备、原料还是方法，都与过去毫无关系。高调地把1062、1128、1240等年份标注在产品上，实在荒诞不经！具体品牌我就不说了，留待你去发现吧……

匠人时代

到了中世纪，真正的城市诞生，封建领主与教会的把控力度降低。为了满足居民需求，各类专精职业兴起，其中自然包括酿酒师。

阿尔萨斯酿酒工会最近发表了一篇文章，其中阐述了酿酒师职业千年前的起源，证实了这一变革。"当年，阿尔萨斯的大部分酿酒厂由教会把控。修道士手握查理曼大帝授予的权力，垄断了啤酒酿造业。斯特拉斯堡大教堂酒厂为神父及其用人提供酒饮。教堂酒厂关闭后，斯特拉斯堡的首家私营酒厂诞生。《斯特拉斯堡契文汇编》（*Urkundenbuch der Stadt Strassburg*）提到，1259年1月8日，高卢大麦啤酒酿造师、制麦师阿诺尔杜斯（Arnoldus）的酒厂建于啤

←19 世纪的英格兰啤酒厂，啤酒装于巨大的木桶中熟成。

酒街，临近兄弟街。而后，高卢大麦啤酒工会创建。"

私营酒厂亦作酒馆之用，人们可在店内饮用取自大桶的啤酒，也可用酒壶将酒饮打包回家。18 世纪，更坚固的玻璃杯才普及开来。私营酒厂遍地开花，竞争十分激烈。哪家酒厂的啤酒好，哪家就会立刻声名大噪。

酿酒师通常也是制麦师。谷物收获时，他们会购入大麦与小麦，自行制麦。直到 19 世纪，酿酒与制麦才发展为两个独立工种。如今在德国班贝格，依然有两家自行制麦的酿酒厂，他们的山毛榉烟熏啤酒十分出名。

酿酒师拥有工会组织，而且这一职业往往与箍桶匠脱不开关系，毕竟木桶是运输啤酒、储存啤酒的唯一容器。1664 年，热罗姆·阿特（Jérôme Hatt）在斯特拉斯堡的科尔博广场租下了一家酿酒厂。彼时，他刚刚加入酿酒师工会，掌握了酿酒技术。传承八代的著名啤酒品牌 1664 就此诞生。

酿酒师工会很快垄断了啤酒生产与销售。除了保护成员、组织培训外，酿酒师工会的一大工作就是保证啤酒质量。1268 年颁布的《巴黎高卢大麦啤酒法令》规定，不可使用浆果、辣椒或树脂为啤酒增添风味，否则将处以罚款。有的酿酒师为了降低生产成本，甚至使用白垩、石膏、麦秆、木屑等可怕原料酿造啤酒。亦有

法令对此予以禁止。部分地区，比如佛兰德斯及皮卡第，设置了称为"埃斯沃德"（esward）的监察员。他们拥有检查啤酒质量的权利，如不满意，甚至可将酒液倒入下水道。

权力部门及王室成员会定期颁布法令，明确哪些原材料可用于啤酒酿造。

小麦是面包不可或缺的原料，却时常短缺（大麦则没有这个问题）。因此，小麦被禁止用于酿造啤酒，这正是《啤酒纯净法》（见第 165 页）的立法目的。2016 年，德国人庆祝了这部法规颁发 500 周年。部分专家认为，这部法规也旨在对啤酒花征税。出于相同目的，其他欧洲国家亦纷纷颁发了类似法令，但只有纯净法得以存续。或许是因为在第一次世界大战后，为了对抗外国啤酒的挤压，德国酒厂再次搬出这部法规保护本国的啤酒市场。

直到 19 世纪初期，啤酒业一直没有太大变化。啤酒厂多不胜数，遍布城市与乡村（城市中的酒厂有时称为 bierreries）。彼时的啤酒以上发酵法发酵，产量有限，20 万升已很了不得。酿造完成后，即刻售予周边客户，基本不超过数十千米，由马车运送。啤酒极易变质，保质期只有短短几周，无法长途运输。酒厂产品不分品牌，啤酒种类只因季节变化而有所不同：明媚的春夏酿造酒精含量较低的淡味啤酒（通常称为"白啤"），凛冽的秋冬酿造可以提振精神的

私营酒厂亦作酒馆之用，人们可在店内饮用取自大桶的啤酒，也可用酒壶将酒饮打包回家。

酒精度较高的深色啤酒（有时称为"红啤"）。不过，每家酒厂都有独门诀窍，并且只口头授予学徒或酒厂继任者。啤酒行业竞争激烈，尤其在城市中。因此，产品口味更佳的酒厂须小心翼翼地守护自家秘方。

工业革命

19世纪，科技革新深刻地改变了啤酒世界，无论是啤酒产品还是酒厂的组织形态都有所创新。最重要的创新莫过于下发酵法。这种方法在18世纪时已为人所知，但直到1842年，才在捷克皮尔森为人所用。当时下发酵法主要指的是以低温发酵啤酒，人们尚不了解酵母的作用，也不了解上面酵母与下面酵母[1]的区别。几百年后，路易斯·巴斯德（Louis Pasteur）与丹麦人埃米尔·克里斯蒂安·汉森（Emil Christian Hansen）才给出了答案。

借助这种新方法，酿酒师酿制出了口味更淡、更解渴的啤酒，色泽金黄，十分诱人。这种啤酒被命名为"皮尔森啤酒"（见第164页），以致敬它的诞生地捷克皮尔森城。不过，起名者似乎无意为这个名称注册专利。若想酿出皮尔森啤酒，发酵时间必须足够长，发酵环境必须凉爽，甚至寒冷，最高不超过5摄氏度。工业制冷技术诞生以前，酿酒师会将酒液置于温度恒定的深窖之中，并使用不同方法降低温度，比如冬季时从江河中取来冰块放入酒窖，然后

1　上面酵母指的是在发酵尾声会上浮至酒液表面的酵母。下面酵母指的是在发酵尾声会下沉至酒液底部的酵母。——译注（下文中若未特别注明，均为译注）

↑在当时的酿酒厂，酿造啤酒所需的动力由马匹提供。

覆以稻草与麦秆，尽可能地不让冰块融化。

在工业革命的革新狂潮中，大量新发明涌现，啤酒酿造的各个流程都得到了改进，包括但不限于谷物研磨、麦汁加热、过滤、冷却、包装与打酒等。因此，规模更大、产量更高、收益更好的啤酒厂遍地开花。越来越多的酒厂主不再从事酿造工作，转而成为企业家。

酒厂开始设计酒标、创立品牌，并推出了早期的啤酒广告物料，以在市场上脱颖而出，甚至垄断市场。

20 世纪，啤酒市场进入新的发展阶段，啤酒公司瓜分了大部分市场份额，两次世界大战进一步加速了这一趋势。在动荡的时局下，谷物十分匮乏，铜制酒桶被征用去锻造炮弹等武器，许多小型啤酒厂被迫停业关张。不过，相较于军事战争，经济战争才是全球数以千计的小型酒厂纷纷倒闭的直接原因。啤酒行业的头部玩家打起了价格战，将小型酒厂逼入绝境；更致命的是，头部玩家垄断了包括咖啡馆与大型超市在内的销售渠道。那个时候，大型超市正以极快的速度取代成千上万家销售啤酒的杂货店。要做啤酒市场的赢家，重要的不是产品质量，也不是产品的多样性，而是具备行业巨头的盈利能力。这些巨头的产品已渐渐渗透至生活各处。20 世纪初，法国至少有 2000 家啤酒厂，到了 20 世纪 80 年代（那时我刚开始对这个问题产生兴趣），只剩下 30 余家。啤酒花含量低、口味极为相似的几个金色拉格品牌瓜分了市场。这些品牌让消费者相信，啤酒就是这般模样，没有其他选择。无论在欧洲大部分国家，还是在亚洲、美洲，甚

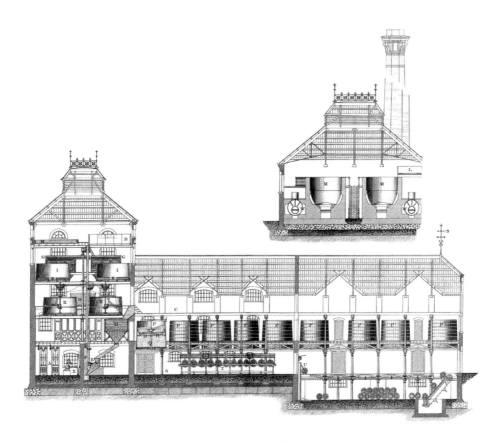

↑ 19 世纪，英国工业酿酒厂的剖面图，设备摆放井然有序，令人瞩目。

至全世界的啤酒市场都是如此，令人痛心。

　　不过还有三个国家——英国、比利时与德国——以各自的方式保留了不少啤酒厂及丰富的啤酒口味。于啤酒爱好者而言，这无疑是一件幸事。这些酒厂掌握着数百年的传统酿造技艺，是名副其实的啤酒宝库（他们自己或许还没有意识到）。对于啤酒来说，20 世纪是悲惨的 100 年。不过，在 20 世纪即将结束之时，涌现了一批新的啤酒匠人，他们从这些啤酒宝库中汲取了大量知识（至少能汲取啤酒方面的知识）。

要做啤酒市场的赢家，重要的不是产品质量，也不是产品的多样性，而是具备行业巨头的盈利能力。这些巨头的产品已渐渐渗透至生活各处。

→《啤酒街》，威廉·霍加斯（William Hogarth），18 世纪，从画作中可以看出饮用啤酒的多为下层阶级。

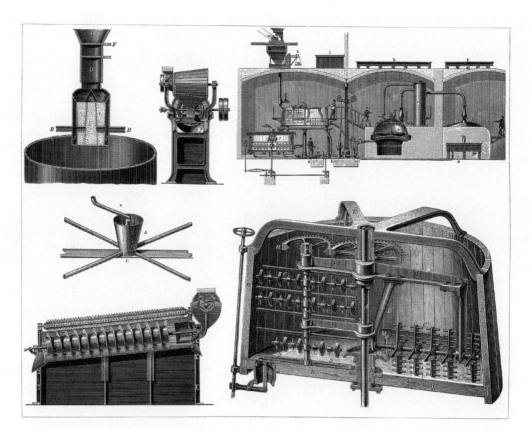

↑ 1874 年的德国版画，展示了当年已极其精良的酿造设备。

自下而上的革新

20 世纪 80 年代，啤酒市场仍呈高度集中之势。而随着百威英博收购南非米勒[1]，集中程度更是有增无减。百威英博是啤酒行业巨头，业务遍布各个大洲，拥有数十个知名品牌，占据了全球 27% 的市场份额。收购南非米勒后，百威英博将在接下来的三年中裁撤至少 5500 名员工。

反对啤酒统一化

啤酒巨头操纵市场多年。部分消费者，尤其是美国消费者或许厌倦了工业啤酒的统一风味，开始对英国、比利时及德国的啤酒产生兴趣。这三个国家的啤酒仍使用古法酿造，但难以购买。于是，一些美国消费者在自家车库中就地取材，自制啤酒，但这并不容易，原因是在当时许多原料仅支持批发采购，并且小型酿酒桶、高效过滤器以及酿酒操作指南书籍都十分罕见，甚至根本不存在。

不过，这些业余家酿师（英语是 home bre-wers）没有放弃，并且在能力范围内找到了最佳解决方案，为家人及朋友酿造啤酒。家酿啤酒与垄断市场的大品牌的产品截然不同，越来越多人爱上了这种啤酒。很快，部分业余家酿师开始考虑专职酿酒。与此同时，还有其他迹象也表明人们在抵抗统一化的工业啤酒。1971 年，"真艾尔运动"（CAMRA，Campaign for Real Ale）组织在英国成立，致力于捍卫受到威胁的精酿啤酒厂；而放眼全球，他们捍卫的则是采用上发酵法的传统英国真艾尔啤酒。该组织多次举行大型示威活动，质疑主流舆论。今天，该组织的成员已超过 13 万。他们会自行出版刊物及啤酒手册，也会举行大型活动，召集世界各地的啤酒爱好者一起探索最美味的英国啤酒。1986 年，啤酒之友协会于法国北部成立。虽然规模不如真艾尔运动，但极具象征意义。这是首个致力于捍卫北部-加来海峡大区最后的精酿酒厂的协会。

精酿啤酒厂的复兴

美国精酿啤酒厂的复兴之势如野火蔓延。

1　2016 年，全球最大的啤酒公司百威英博完成了对第二大啤酒公司南非米勒的并购。

← 传统的铜制酒罐。

如今，全法每两天就有一家精酿啤酒厂开张。至 2016 年末，法国已有上千家精酿啤酒厂。

有人质疑，美国独立酿酒师只会模仿欧洲（主要是英国、比利时、德国）的精酿啤酒。为了证明自己，他们开始仿制过去的啤酒。20 世纪 90 年代末，在斯特拉斯堡的欧洲啤酒沙龙上，我遇见了一名年轻的精酿师。他自豪地表示，他终于酿出了一种消失了数十年的爱尔兰红啤酒。

有的精酿师做法更激进，开始使用长期受业内忽视的原料酿制啤酒，例如南瓜、辣椒、生姜、丁香等；有的甚至采用了从不受业内青睐的谷物，比如斯佩尔特小麦与黑麦。精酿师大多热爱啤酒花，酿造时会大量使用。他们也喜欢选用不为人知的啤酒花种类，为啤酒增添香气，例如柑橘芳香。这样的啤酒定会令昔日的酿酒师感到惊喜。

精酿啤酒的复兴运动始于美国，后传播至加拿大，随即以欧洲为起始点，席卷了全世界。法国的精酿复兴运动始于 1985 年。那一年，英国艾尔啤酒的爱好者在莫尔莱酿造出了"科莱夫"（Coreff）啤酒。想喝上心仪的啤酒，总得跨越英吉利海峡，对此法国人受够了。一开始，法国精酿啤酒厂的扩张速度相对较慢。进入 21 世纪后，虽然酿酒师职业门槛依旧很高，但全法仍涌现出越来越多的精酿啤酒厂，从大城市到小城镇，再到乡村。如今，全法每两天就有一家精酿啤酒厂开张。至 2016 年末，法国已有上千家精酿啤酒厂。

地区性的啤酒沙龙成倍增加，风格独特的啤酒越来越多，这都是精酿啤酒厂数量激增的结果。精酿啤酒既能跟上啤酒业的国际大趋势，也会选用本土植物与香料，例如比利时的三料啤酒（见第 167 页）、爱尔兰的世涛（见第 167 页），以及北美的印度淡色艾尔（IPA，见第 161 页）。

斯堪的纳维亚半岛与意大利亦不甘示弱。意大利是啤酒消费能力最弱的欧洲国家，如今也拥有超过 1000 家精酿啤酒厂。意大利的精酿啤酒香气新颖，瓶身及酒标设计均别具一格，极受欢迎。西班牙与希腊的酿酒厂找准了自己的市场定位，英国与比利时也涌现了不少新的精酿啤酒厂（那里原本就不缺精酿厂）。

从此以后，啤酒不再是观看足球比赛时随口一喝的金色解渴饮料，而是一种具有丰富香气的酒饮。市面上也出现了许多介绍啤酒如何配餐、如何使用啤酒烹饪前卫美食等内容的书籍。

全球有成千上万的精酿师具备卓越技艺，在选用酿造原料时，他们展现出了过人的胆识与创意。他们还研发出了大有可为的酿造新方法，例如木桶陈化。可以想见，啤酒的未来十分光明。

→ 风格独特的精酿啤酒（第 25 页）与精酿啤酒厂（第 26、27 页）。

原料

水、谷物、酵母、啤酒花及香料，啤酒的原料就是这么简单。不过，酿酒师会巧妙地利用这些原料的不同品种，酿出口味不同、风格迥异的各色啤酒。

INGRÉ-DIENTS

水、谷物与酵母

通常而言，啤酒酿造并不复杂。酿造原料都很常见，酿造方法——往往是祖传的——也并不高深。这解答了两个问题：为什么啤酒是最古老的饮料？为什么啤酒在世界各地均有酿造（除了部分国家因宗教原因严格禁止啤酒外）？不过，"啤酒酿造并不复杂"只是表象。若要酿出不同风味的啤酒，每一个细节与步骤都至关重要，让我们首先从啤酒的原料说起。

水

水是啤酒的重要成分，占据了啤酒体积的90%至95%。水也是酿造啤酒的重要原料。酿造1升啤酒，平均需要6升至7升水。即便是高产能的工业啤酒厂，也至少需要4升水，这仍然是个不小的数字。

为什么需要这么多水？原因只有一个：清洗。实际上，酿酒师会将许多时间花在清洗酿酒设备上。这些设备只要用过一次就得清洗，主要是为了避免细菌污染。糖化步骤制得的甜汁是各类细菌的盛宴，细菌极易在其中滋生蔓延。

因此，糖化结束后，必须使用大量强力洗涤剂，比如苛性钠，将设备彻底洗净。

100% 纯净？

宣传啤酒品质时，水的纯净度往往是卖点。但其实，这一卖点的广告作用大于实际作用。当然，酿造用水必须是洁净的，也就是不含致病污染物，比如亚硝酸盐或硝酸盐。这些物质不但会干扰酿造过程，还会影响啤酒香气。酿造用水也只能含有微量的铁。

然而，百分百纯净的水并不是必需的。

我认识一个巴伐利亚酿酒师，他曾力求使

用最纯净的水来酿造啤酒，甚至安装了昂贵的反渗透过滤设备，但他最终还是放弃了这个念头。因为水质变得过软，而且呈中性，这会令啤酒索然无味（除了水质不同，酿酒师并未改动配方中的其他组分）。

大部分啤酒厂，尤其是新成立的啤酒厂，使用的都是城市管道供应水，酿造结果令人满意。如果水的氯含量过高（这种情况已经越来越少见），只需在用水前通风换气几个小时，氯便会消失。

当然，水不是免费的，用水量大的酿酒厂会自行钻井取水。布里啤酒厂（Bières de Brie）的于贝尔·拉布丹（Hubert Rabourdin）把酿酒厂从家中农场搬到了库尔帕莱旧粮仓，他就是这么做的。不过即便是自行取水，也仍需安装性能良好的过滤系统。

乡村的水质不一定上乘。许多含水层中的硝酸盐、肥料及杀虫剂的含量高得超乎想象。奥尔唐斯·德萨利安（Hortense Dessallien）在康塔尔省中心海拔近 1000 米处，创建了圣乔治啤酒厂（Brasserie Saint-Georges）。酒厂建立之初，兽医判定附近水质达不到饮用标准，无法取用。这对德萨利安而言是个不小的困难，因为她希望最大限度地自给自足，比如自行栽种谷物与啤酒花，使用酿造残渣饲喂猪与家禽等。

那么海水呢？莫尔布拉兹酒厂（Brasserie Mor Braz）位于布列塔尼大区，酿造用水取自莫尔比昂省附近海域 15 米深处，但成品并没有大海的味道。莫尔布拉兹的啤酒质量上乘，口

味很是有趣，可我尝不出一丁点儿咸味或碘味。正因如此，他们的啤酒世界闻名，也被不少妒火中烧的竞争对手找了麻烦。

从缺点变成优点

昔日酿酒师所展现的酿造技艺证明，他们十分懂得利用水的特性。英国中部的特伦特河畔伯顿的居民选用富含硫酸盐的水，以上发酵法酿造出了淡色艾尔（见第 163 页）。自 18 世纪起，这种啤酒就大受欢迎。见此景象，其他酿酒师也打起了淡色艾尔的主意，纷纷往水中添加石膏。这种处理方法称为"伯顿式处理法"。

与此相反，捷克皮尔森人民则选用了矿物质含量极低的天然水，以下发酵法大量酿造了他们的看家啤酒。这种水能突出啤酒花的苦。再举一个例子：圆润柔和的慕尼黑啤酒，酿造用水的氯及硫酸盐含量极低，但含有钙与碳酸氢盐。巴伐利亚酿酒师会选用酸性较强的麦芽与这种水进行中和。如此一来，无须使用大量啤酒花也能令啤酒风味与众不同。

如今，酿酒师使用的多为城市用水，因为酸碱平衡，可适配多种啤酒。酿酒师也会根据想要的风味增添或减少水中的矿物质含量。这么做并不会影响酿造成本。

选用当地天然水的酿酒师（往往出于成本或环保考虑），如今也能轻松弥补水质的缺陷。

谷物

谷物是第二重要的啤酒酿造原料，仅次于水，不仅因为谷物在啤酒中的体积占比高，更因为它赋予了啤酒主要特征。谷物富含淀粉，在酵母的作用下，淀粉会转化为酒精与二氧化碳。因此，谷物的种类与配比是酿造的核心问

然而，
百分百纯净
的水并不是
必需的。

→ 水是啤酒的主要成分，占据了啤酒体积的 90% 至 95%。

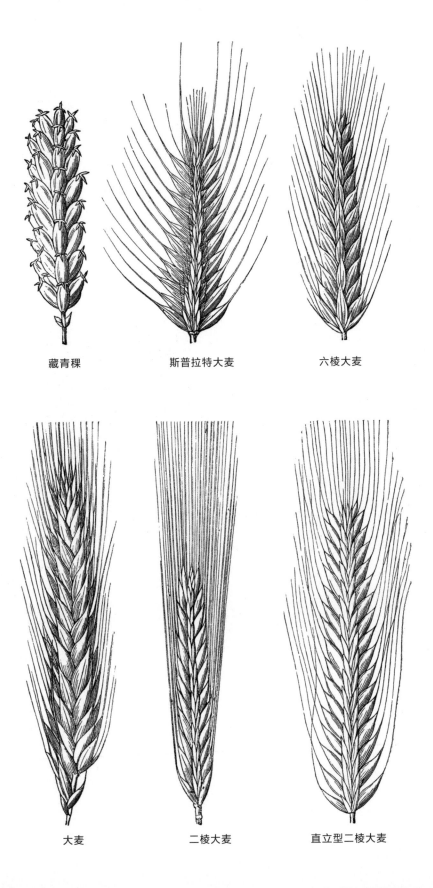

藏青稞　　　　斯普拉特大麦　　　　六棱大麦

大麦　　　　二棱大麦　　　　直立型二棱大麦

题。各类谷物均可酿酒，酿成的风味也各不相同。

大麦

大麦是人类最早种植的谷物之一，产量位列谷物第四，前三名分别是小麦、水稻及玉米。大麦适应能力强，在土壤贫瘠、气候寒冷的环境下能比其他谷物生长得更好。只有三分之一的大麦可以用于酿造啤酒，其余均用于饲喂家畜。

和小麦不一样，大麦无法自然发酵，难以轻松制成面包或酿成啤酒。要将大麦的淀粉转化为可发酵糖，必须先将其制成麦芽。

麦芽是经过干燥的发芽谷物。将谷物制成麦芽的过程能够充分释放谷物香气。

冬大麦（种植于秋季）与春大麦（种植于冬末）有所不同，后者更受制麦师及酿酒师青睐。发芽大麦是酿造啤酒的必不可少的原料，就连外壳的用处也不小。制麦时，大麦外壳能起到保护谷物的作用；糖化结束后，外壳又可用作天然过滤器，分离麦芽甜汁与残渣。

小麦

小麦是一种常见谷物，也是酿造啤酒的原料。虽然未经处理的小麦（生小麦）可以酿酒，但许多酿酒师更倾向使用小麦麦芽。因为相较于小麦麦芽，生小麦在过滤阶段会引发许多问题。小麦是所谓的"白啤"必不可少的原料，

麦芽是经过干燥的发芽谷物。将谷物制成麦芽的过程能够充分释放谷物香气。

← 不同类型的谷物。

能赋予啤酒特别的酸味。

玉米

用玉米酿酒时用的大多是粗玉米粉，作为大麦麦芽或小麦麦芽的补充。粗玉米粉的价格远低于另两种谷物，所酿出的啤酒味道也逊色许多，淡而无味。

水稻

水稻也用作麦芽的代替谷物，选用水稻往往是出于成本考量。用水稻酿成的啤酒风味清淡、缺乏特色。

黑麦

黑麦适应性极强，但不太受酿酒师青睐，因为它会大幅降低过滤速度，处理起来很是棘手。不过，酿酒时使用少量黑麦，能赋予啤酒十分有趣的干爽风味，同时伴有酸味，令成品口感更加丰富。

燕麦

虽然燕麦的香气并不独特，但酿酒师使用小麦酿酒时，往往会加入少量燕麦。这么做能大幅提升糖化后的过滤效率，令啤酒更为清爽。

高粱

高粱味涩，极少用于酿造啤酒，除了在气候炎热的地区。相较于其他谷物，高粱在炎热环境中生长得更好，价格也远低于麦芽。

荞麦

荞麦不是禾本科植物，严格意义上来说不算谷物，但极有营养，富含蛋白质（可与小麦混用，制作可丽饼或俄式煎饼）。荞麦不含麸质，因此引起了酿酒师的兴趣。

↑ 敞口式发酵罐。发酵时，麦芽汁表面会形成一层绵密泡沫。

黍米与木薯

这两种传统作物也被用于酿制啤酒，尤其在非洲及南美洲，因为那里的麦芽价格十分高昂。

出于成本考量，酿酒厂，尤其是大型酿酒厂，会使用不同食料替代麦芽，比如糖（果糖及葡萄糖）、各类谷物的淀粉糖浆（在煮沸阶段使用），甚至是麦芽提取物。

酵母

酵母是一种真菌，十分微小。在很长一段时间里，就连酿酒师也不确切了解酵母的作用。然而，酵母是酿造啤酒的重要原料，甚至可以说是神奇元素。这类真菌能将淀粉与糖类转化为酒精及二氧化碳。不过，酵母的重要性不仅仅在于它能促成这种称为"发酵"的转化，也在于它决定了啤酒的最终风味。

我们无须了解啤酒酵母菌的学名 *Saccharomyces cerevisiae*，但要知道，啤酒酵母菌涵盖甚广，囊括了上百种菌株。

啤酒酵母菌株特性各异，能够极大地影响啤酒的风味。

我曾拜访过一位酿酒师，他邀请我试喝了研发中的新品。酿造这款新品时，他采用的原料及工序与平日毫无二致，唯独改变了菌株。然而，这款新啤酒与常规啤酒可以说毫无相似之处。我几乎难以相信这两款啤酒出自同一人之手。

→ 干酵母是最常用的酵母，而鲜酵母能为啤酒带来更丰富的香气。

酿造技艺的秘密

19世纪中期，路易斯·巴斯德与丹麦人埃米尔·克里斯蒂安·汉森揭示了酵母在酒精发酵中的作用。但在此之前，酿酒师就已凭经验大致了解到酵母会对啤酒产生哪些影响。科学家解读了酵母的作用后，酿酒厂采用的菌株种类便成了最高机密，没有人愿意透露自家用的是哪种菌株。是的，酒厂会大肆宣扬水质、麦芽原产地及啤酒花种类（在啤酒花上做文章的酒厂如今也越来越少了），但是，所有人都对菌株守口如瓶。

酿酒厂通常会以神秘代号称呼自家菌株，并将它们保存在研究院中。这些研究院往往位于比利时或德国，隐秘而低调。如果说酿酒厂有秘密，那一定是关于酵母的秘密。酿酒师的最大担心莫过于他人仿制出了自家啤酒（尤其当自家啤酒口味上乘时）。若要仿制啤酒，必须知道菌株种类。

与其他酿酒原料一样，酵母也可以从经销渠道购得。市面上出售的大部分是干酵母，有时也可以买到半干酵母[1]。干酵母使用简单，半干酵母则对酿酒技艺要求较高，但成品味道更好。部分酿酒厂会自行繁殖菌株，十分专业，这些酿酒厂备受同行敬重。毕竟没有精湛技艺是无法做到的。

酵母十分贪婪，处于糖分充足且温度适宜的环境中时便会快速繁殖。不过，一旦将现有食物全部摄入，酵母便会停止繁殖并死亡。有的时候，我们会在未经过滤的啤酒底部发现细小颗粒，那就是死去的酵母。

1　半干酵母含水量介于鲜酵母与干酵母之间。

↑采摘啤酒花果穗后，须即刻烘干，以免腐坏而无法利用。

啤酒花中含有超过 200 种化合物，赋予了啤酒形形色色的香气。

啤酒花与啤酒的苦味

啤酒花属大麻亚科，是一种攀缘植物，与大麻及印度大麻是近亲，在世界各地肆意生长。这种植物的独特之处在于，其花朵——准确来说是花序——成熟后会变成柔软的果穗，其中含有一种名为蛇麻素的特殊物质。正是这种物质引起了酿酒师的兴趣，或许也只有酿酒师会对啤酒花感兴趣。除了为啤酒增添风味外，这种植物似乎就只具备轻度催眠功能。而人们早就知道，啤酒喝多了会感到困倦。

人们常常把啤酒花与啤酒联系在一起，直到今天依然有人认为啤酒花是啤酒的主要原料，甚至是必不可少的原料。但事实并非如此，许多优质啤酒并未添加任何啤酒花！

位于汝拉省的鲁热德利勒啤酒厂（Brasserie Rouget de Lisle），使用龙胆根茎酿制了一款名为"恶魔长柄叉"（Fourche du Diable）的啤酒。这款啤酒带有耐人寻味的苦涩口感，但这与啤酒花毫无关系。其实，大自然中有许多苦味植物，但没有哪种植物具备啤酒花的消毒能力。少量啤酒花便能赋予啤酒苦味，100 升啤酒至多需要数百克啤酒花。

为什么大家都认为啤酒花在啤酒酿造过程中扮演了重要角色？这个问题不好回答，或许大多数人对这种植物不甚了解。许多人第一次来我家做客时，见了我栽种的啤酒花（实不相瞒，是来自德国的佩勒酒花），往往目瞪口呆。因为其根茎攀缘于铁丝上，足有六七米高。

多重功效

要知道，经过糖化及发酵两道工序后，此时的酒饮还毫无魅力。我喝过——是的，不经历磨难，怎能成为啤酒学家——一点味道也没有，就像没有加糖的麦片粥。因此，自啤酒诞生以来，人们一直在为这种没有滋味的饮料添加味道。酿酒师几乎尝试了一切原料，比如水果、香料、香草等。中世纪早期，啤酒花逐渐脱颖而出，因为它具备两大特性。其一，啤酒花种类繁多，能为啤酒带来丰富香气，包括柑橘、红色浆果、草本、树脂等风味；其二，啤酒花也赋予了啤酒苦味，让啤酒喝起来更加解渴。还有鲜为人知的一点，在酿造及储藏过程中，啤酒花能为啤酒消毒。古时候的酿酒师对卫生并无概念，但他们很快就发现，添加了啤酒花的啤酒不易变质，能保存更长时间。如今我们有了让啤酒免受污染的其他方法，但啤酒花却成为啤酒（几乎）不可或缺的原料。

啤酒花中含有超过 200 种化合物，赋予了啤酒形形色色的香气。

今天，人们所知道的啤酒花已过百种，且时常有新的种类被发现。酿酒师可以同时使用多种啤酒花，让啤酒口味层次更加丰富。在这一方面，酿酒师的创造力无穷无尽。不要忘了，同一品种的啤酒花还有不同形态：新鲜果穗能带来细腻香气，而固体或糖浆状的啤酒花提取物则方便使用，是工业酒厂的首选。

→ 酿酒师使用的啤酒花，要么是新鲜果穗（第 40 页），要么是便于使用的压缩颗粒（第 41 页）。

要酿出优质啤酒，有水、谷物、酵母与啤酒花就足够了。

香料与着色剂

我总不厌其烦地说："要酿出优质啤酒，有水、谷物、酵母与啤酒花就足够了。"

不需要成为著名的《啤酒纯净法》的忠实拥护者，只要懂得品尝啤酒，就能做出这样的推断。而且，这部法规之所以重新生效，是出于保护本土市场的考虑，而非为了保证质量。

然而，自啤酒诞生以来，总有酿酒师希望在此基础上添加更多元素，好让消费者品尝新的香气，并与竞品形成差异。中世纪的酿酒师添加过各种植物与香料，种类与比例至今仍是秘密，只笼统地称为"古鲁特"（gruyt）。在部分城市，主教垄断了香料市场，酿酒师只能高价从中间商手中收购。

啤酒花普及后，酿酒师便渐渐不再使用香料进行调味。不过，部分酿酒师很可能往啤酒中加入了熟透的水果，比如樱桃、覆盆子，甚至李子。比利时兰比克啤酒（自然发酵的啤酒）配上樱桃，便是克里克啤酒（见第 162 页）。后来又陆续出现了杏子啤酒、香蕉啤酒、桃子啤酒，口味不一定尽如人意。在比利时，香菜与苦橙皮一直是小麦啤酒的调味香料。

啤酒还是汽水？

水果口味的啤酒受到欢迎，这让欧洲的工业酿酒厂开始酝酿新品，吸引新的顾客群体，以应对滞销问题。

因为化学领域所取得的长足进步，市场上涌现出许多功能强大的调味剂与色素，令啤酒拥有了更多新的香型。

使用天然原料为啤酒调味，比如水果或辛香佐料，不是一件容易的事情。就算使用了大量天然原料，也不一定能获得理想的颜色与口味。而使用所谓"天然的"或化学合成的糖浆及香精，却更容易取得想要的效果。

这种使用化学香精调味的酒饮虽然依旧以啤酒为基础原料，但更像是一种汽水，而不是真正的麦芽酒饮。而且，工业酒厂的酿酒师通常会选用啤酒花含量极少、口味中庸的拉格啤酒进行调制，让调味剂及色素拥有更大的发挥空间。

烈酒啤酒：纯粹的营销产物

在一众啤酒口味中，烈酒——伏特加、龙舌兰、朗姆酒等——占据了特殊的一席之地。但实际上，啤酒中添加的并不是烈酒。混合酒饮税率过高，在法国尤其如此。添加烈酒会导致啤酒售价高昂得无人问津。仔细读一读酒标（通常是极小的字）就能知道，啤酒中的"烈酒"其实是烈酒香精，而不是真正的烈酒。

从烈酒啤酒的成分上看，这并不是酿造技艺结出的果实，不过是商家营销的产物罢了。此类营销啤酒往往昙花一现，很快就会被消费者抛诸脑后。谁还记得 20 世纪 70 年代，凯旋啤酒厂（Brasserie Kronenbourg）推出的奇异果味及葡萄柚味啤酒？谁又还记得菲舍尔啤酒厂（Brasserie Fischer）的金斯顿朗姆酒啤酒？不过，2016 年 11 月 17 日出台的啤酒法令允许了往啤酒中添加烈酒，只要成品中因添加烈酒而提升的酒精度不超过 0.5% 即可。

其他组合

随着精酿酒厂的复兴，啤酒的香型口味也越来越有意思。在品鉴之时，人们尤能体会到啤酒口味是那样丰富多彩，几乎难以计量。我也因此有了不少发现，一些很有趣，另一些则没那么讨喜。

克里斯托夫·克洛埃（Christophe Cloet）是诺尔省弗拉敏纳啤酒厂（Brasserie la Flamine）的酿酒师，他酿出了第一款丁香啤酒，色泽金黄，新颖的香气与麦芽啤酒水乳交融，令我啧啧称奇。

诺尔省的杜艾-瓦尼翁维尔农业职业技术学校曾酿出一款实验性啤酒，将黑胡椒与堇菜融合在一起，实在美妙！

诺尔省的精酿师喜爱使用传统香料调味，比如菊苣与大黄；阿尔代什省的布尔干奈尔啤酒厂（Brasserie Bourganel）的栗子啤酒与牛轧糖啤酒值得一试。接骨木的花朵与果实均可用于酿造啤酒（口味截然不同），成品十分有趣，比如兰斯洛特啤酒厂（见第75页）出品的红帽接骨木啤酒（Bonnets Rouges）。

然而，我还从未喝过满意的生姜啤酒。生姜要么太多，辛辣气味过于突出；要么太少，几乎尝不出生姜味道。不过，比利时啤酒品牌金（Ging's）最近推出的人参啤酒倒是非常成功。

最后再聊一聊蜂蜜，它是个特例。首先要纠正一个根深蒂固的观念，高卢大麦啤酒并不一定是以蜂蜜调味的。何以见得？很简单。因为没有任何可靠的书面资料可以证实，更别提品鉴细节了。不要忘记，高卢人没有留下任何文献，我们得知的所有信息都来自古罗马人或古希腊人。

如今，若酿酒师想以蜂蜜酿酒，很可能会被防欺诈的相关部门找麻烦。因为根据现行法规，啤酒只能以植物源性产品酿制。而相关部门负责人认为，蜂蜜是动物源性产品（虽然蜂蜜来自花粉）。因此，就算啤酒中含有蜂蜜，产品名中也不能出现"蜂蜜"字眼。要注意的是，在法国，不同省份对此意见不一。无论如何，这样的法规只会让精酿师徒增烦恼。

然而，在2016年11月17日，情况发生了变化。新啤酒法令出台，总算准许了酒厂使用蜂蜜酿制啤酒。

若想酿出好啤酒，调味剂必须与啤酒和谐交融，不可掩盖或歪曲啤酒的本味，这并不简单。

随着精酿酒厂的复兴，啤酒的香型口味也越来越有意思。

酿造

数千年来，啤酒酿造一直分为五个步骤，未曾改变：制麦、糖化、发酵、贮酒及过滤。不过，如今的每个步骤都已经和啤酒诞生时的新石器时代截然不同。酿造过程不断进化，每一代酿酒师劳作时都会凭借自身技艺对酿造过程进行改良。今天的我们也并不知道，这种酒饮在 50 年后，甚至数百年后会变成什么模样。然而，有两点是不会改变的：这种饮料仍叫"啤酒"，以及酿造过程仍分为五步。

ÉLABO-
RATION

必不可少的五大步骤

制麦

　　自然形态下的大麦富含淀粉，但这些淀粉分子过大且过于稳定，无法在酵母的催化作用下发酵。然而，发酵是酿造必不可少的一环。因此，为了让发酵顺利进行，首先需要将大麦制成麦芽，也就是将大麦浸于水中数小时（这一过程称为浸麦），促使其发芽。

　　发芽过程大约会持续一周。在此期间，大麦会释放一种能够分解淀粉分子的酶，使淀粉分子变得可发酵。

　　制麦这一化学过程会影响啤酒的最终形态。发芽结束后，为了防止麦芽腐坏，须将其烘干。烘干的时长与温度不同，麦芽颜色也会从极浅变成焦黑。烘干后的麦芽颜色就是啤酒的最终颜色。

　　不同的麦芽烘干方式会赋予啤酒不一样的香气，比如新鲜面包香、焦糖香、木香、焙烤香、焦香等。

　　数百年来，麦芽烘干的本质虽未改变，但方法有了极大改善。19 世纪以前，酿酒师往往也扮演着制麦师的角色。他们会根据自身需求及想要的啤酒风格自行制麦。在巴伐利亚北部城市班贝格，传统手工制麦技艺流传到了今天。当地的数家家族啤酒厂仍在自行制麦，并以山毛榉木烘干麦芽，赋予了啤酒无与伦比的烟熏风味。

　　部分酿酒厂兼制麦厂也提供餐饮住宿。我曾到访过创建于 1536 年的斯佩齐亚尔啤酒厂（Brasserie Spezial），参观了烟熏啤酒（Rauchenbier）的酿造全过程。参观结束后，一边享用丰盛的巴伐利亚美食，一边细细品鉴

← 工业制麦厂中输送带上的麦芽。

啤酒，之后在酒厂中酣然入睡，实是人生一大乐事。

如今的制麦厂多为大型自动化工厂，产量以吨计，或以半挂车及驳船（大麦及麦芽最常见的两种运输工具）为单位。制麦厂产品多样，甚至包括有机麦芽，因此能完全按照精酿酒厂的要求制备麦芽。他们实力雄厚，有大量供应商，采取多货源策略，能够最大限度统一麦芽品质，尽可能降低对某一气候、土壤及大麦品种的依赖。

法国在制麦行业处于领先地位，也是全球最大的麦芽出口国，拥有众多制麦龙头企业，比如苏夫莱（Soufflet）、欧麦（Malteurop）、嘉吉（Cargill）。然而，面对巨头云集的制麦市场，诞生仅 30 多年的精酿酒厂遇到了不少麻烦。首先，精酿酒厂难以从法国制麦企业进货，因为他们没有必要，也没有财力以半挂车为单位购买麦芽，更不用说一驳船的麦芽了。而且，许多法国企业不再出产 50 千克或 25 千克的袋装麦芽。更糟糕的是，大约在 10 年前，一家头部制麦公司向其销售人员下达了一则通知。这则通知表明，他们并无兴趣与精酿酒厂类客户做生意！幸好，这家公司后来改变了想法。

因此，法国的精酿酒厂只好转向海外制麦企业（比利时、德国，甚至英国），方能购得他们所需的适量麦芽。有的精酿酒厂距离制麦企业极远，精酿师只好自己充当制麦师。安德拉尔农场科瑟纳尔德啤酒厂（见第 73 页）与加朗啤酒厂（见第 83 页）就是这么做的。近年涌现了不少小型制麦厂，尤其在布列塔尼大区、罗讷–阿尔卑斯大区及法国西南部。他们的优势在于能够量入为出，满足客户的不同需求。如今，小型制麦厂也已拥有了足够客户，得以盈利。

↑ 浸湿后的大麦正在发芽。这是制麦的必经步骤。

温度与水是糖化阶段的核心要素。

其他谷物，例如小麦、高粱、黑麦及燕麦，都可以制成麦芽，但这一步骤并非必需。在自然状态下，这些谷物中的糖分已是可发酵的。不过，制成麦芽后的谷物，尤其是小麦，更便于糖化及过滤。德国酿酒师在酿制德式小麦白啤（见第167页）时，使用的主要原料就是小麦麦芽。

糖化

糖化（法语为"brassage"）这一步骤虽不复杂，但衍生了许多与啤酒相关的特色词汇，比如啤酒酿造槽（brassin）、啤酒馆（brasserie）、啤酒业的（brassicole）。糖化即将谷物与热水混合，从而提取可发酵糖。

糖化前，须先将谷物（麦芽及其他谷物）碾成粗糙粉末，不能磨得太细。如果磨得像面粉一般细腻，谷物与水混合后会结块，这是酿酒师不想看到的。为了使谷物粉末能与热水充分混合，古时候的酿酒师会使用木质或金属材质的镂空铲子"富尔凯"（fourquet）搅拌混合物。如今，虽然富尔凯被自动化机械取代，但它已然成为酿酒师的标志物。部分业余酿酒师与负担不起带搅拌器的糖化罐的精酿师依然会使用这种铲子。制作过程中以富尔凯搅拌的精酿啤酒似乎更有手作质感，但其实使用铲子与否对成品质量没有任何影响。糖化时，水温才是关键。

数百年来，酿酒师发现，以不同的初始水温（50摄氏度、63摄氏度或75摄氏度）糖化的啤酒，最终质量有高下之分。现代化学给出了解释：不同水温会令谷物的不同成分发生某种特殊变化，在这里我就不详述了。

水温会影响啤酒的最终风味。这就是为什么糖化法分为单一温度糖化法（这是英国啤酒的糖化方法，也是最简单的方法）、两种温度糖化法，甚至还有三种温度糖化法。

水的加热方式对啤酒风味也会造成一定影响。在过去很长一段时间里，酿酒师都是直接加热糖化罐底部，这会导致麦芽汁（糖化制得的甜汁）轻微焦糖化，影响酒液的颜色与口味。如今，酿酒师大多选择往麦芽汁中加入温度合适的热水，也有少部分精酿酒厂仍坚持使用传统古法。

糖化制得的甜汁中已含有一定比例的糖，但此时谷物粗粉中的糖并未被彻底提取。为了不浪费这部分糖，酿酒师会再次向谷物粗粉中加入热水，继续萃取糖汁。这道工序很可能还会重复第三次。

然后，这三道含糖量不同的麦芽汁会被倒入煮沸锅进行消毒。酿酒师可能会分别发酵三道麦芽汁，酿出酒精度数不一的啤酒。低浓度啤酒（见第163页）由含糖量较低的麦芽汁酿成，酒精度相对较低，味道也稍逊。顺便提一句，不要请我喝低浓度啤酒，我只喜欢喝高浓度啤酒！麦芽汁含有糖分，若不送入煮沸锅消毒，空气中贪婪的细菌便能饱餐一顿了。从很久以前开始，酿酒师就会在消毒时往麦芽汁中添加植物或香料，或两种都加，包括大名鼎鼎的啤酒花，为味道寡淡的麦芽汁增添风味。

→ 糖化阶段产出的谷物残渣是极受家畜喜爱的食物（第50、51页）。

↑一排排的发酵罐。发酵结束后，发酵罐还可用于贮酒。

糖化的最后一道工序是过滤，目的是去除麦芽汁中残留的固体颗粒。同样地，过滤工艺也有了极大改进。过去的酿酒师仅靠地心引力过滤麦芽汁，而如今，啤酒厂配备了旋涡过滤器。这是一种大型离心机，会以极高速度（8～10米/秒）旋转机器中的麦芽汁。旋转时，麦芽汁中心会形成旋涡，固体颗粒将集中于此，而后沉淀于过滤器底部。完成过滤后，麦芽汁会被送入发酵罐。

此时的麦芽汁温度极高，需要冷却。最快的方式是让麦芽汁流经冷却器，与冷水接触。历史上出现过各式各样的冷却器，它们如今是啤酒博物馆热衷收藏的展品，例如诞生于19世纪的博德洛（Baudelot），这是最古老的冷却器之一。

发酵

发酵是决定性的一步。发酵即使用酵母将麦芽汁变为啤酒。在糖分的滋养下，酵母不仅会将糖转化为酒精与二氧化碳，还能为啤酒赋予菌株的特殊香气。

自然发酵

和葡萄酒一样，啤酒也可以自然发酵。大气中含有野生天然酵母，这些酵母长期存在于酿酒之处。

自啤酒诞生以来，酿造过程中天然酵母就未曾缺席过，虽然最早的酿酒师对酵母及其作用一无所知。毕竟，路易斯·巴斯德不生活在新石器时代，也不生活在中世纪。如今，部分酿造兰比克啤酒的比利时酒厂仍在使用这种全凭经验得来的发酵方法。他们会将煮沸锅中的麦芽汁倒入大而浅的扁平酒槽中静置一夜，使之与天然酵母充分接触。然后再将接种了天然酵母的麦芽汁倒入桶中，开启为期数月，甚至两三年的发酵。

比利时人总笃定地认为，自然发酵只能在特定区域发生，比如布鲁塞尔西南的塞纳河谷。

我十分敬重这群延续着古老传统的酿酒师，但恕我直言，这种说法荒谬至极。精酿师斯特凡纳·杜梅纽创立的葡萄园啤酒厂（见第68页）位于法国南部塔恩省，与布鲁塞尔相距甚远，但斯特凡纳也在使用自然发酵法酿制啤酒。当然，杜梅纽的啤酒与比利时兰比克啤酒的风味并不相同，毕竟酵母不一样，但发酵过程别无二致。

自然发酵法并非万无一失，麦芽汁可能会遭细菌污染，酿出只配倒入下水沟的啤酒。而且，麦芽汁与天然酵母接触时气温须足够低，比如在冬天酿制，从而最大限度避免污染。在全球气候变暖的今天，可进行自然发酵的日子越来越短，兰比克啤酒产量也随之降低。可与此同时，这种啤酒正风靡全球，重获消费者垂青。

上发酵

很久以前，酿酒师就已懂得了如何利用，甚至驯服"野生酵母"。在19世纪科学进步前，他们就凭借实践经验将带有足量酵母的酒汁保存下来，留待以后发酵麦芽汁，就和面包师保存老面一样。我在这里仅用寥寥数语概括的方法其实已存续了上千年。这种方法称为"上发酵法"，得名原因主要有二：一方面，上发酵法的发酵温度相对较高，为15摄氏度至20摄氏度；另一方面，在发酵尾声（发酵持续三天至一周），酵母会上浮至酒液表面。

发酵温度很关键。若温度过低，酵母会丧失繁殖欲望（大家都能理解）；若温度过高，污染风险会大大增加。因此才有老话劝诫（甚至严令）酿酒师，不要在圣乔治日（4月23日）至圣米迦勒日（9月29日）期间酿酒，以规避风险。

啤酒的发酵阶段一直带有神秘色彩，甚至成了一门玄学，滋生了众多经久不衰的迷信说法，比如不能在暴风雨天酿酒。更糟糕的是，竟有一种说法认为女性在经期不应进入啤酒发酵室！

发酵结束后，可以过滤啤酒……也可以不过滤！

接下来，酿酒师会将啤酒装瓶或装入桶中（较为罕见），加入酵母（可与初次发酵的酵母不同），开始二次发酵，为酒液赋予新的香气。

如今，采用上发酵法的大多是精酿啤酒厂，因为上发酵法无须制冷装置，而下发酵法却必须使用。制冷装置十分昂贵，尤其对于产量不高的精酿酒厂而言。上发酵啤酒的口味更好，至少理论上如此，我会在后文中谈到这一点。

近年来，消费者越来越喜欢风格多样的啤酒，因此，许多规模较大的工业酒厂也开始采用上发酵法酿制啤酒。

下发酵

下发酵法的发酵温度低于上发酵法，为8摄氏度至10摄氏度。发酵结束后，酵母会沉于发酵罐底部。你可能会问，下发酵啤酒和上发酵啤酒有何不同？完全不同，或者说，几乎完全不同……

19世纪初，巴伐利亚酿酒厂对下发酵法进行了数次实验。自1842年起，波希米亚皮尔森地区的酿酒厂开始系统性地实施这种发酵方法。酿酒大师约瑟夫·格罗尔（Josef Groll）采用颜色更浅的麦芽及口味更苦的啤酒花酿出了一款色泽金黄的啤酒，较过往的啤酒更清亮、更解渴，立刻受到了大众的欢迎。

同一时期，工业制冷设备诞生，采用下发酵法的酿酒师能在更安全的环境中（最大限度降低细菌感染风险）酿出更大量的啤酒。上发酵啤酒往往口味偏重，酒精含量高。而金黄色的下发酵啤酒集有利条件于一身，仅用了短短数十年，便取代了上发酵啤酒的地位。在此背

三种发酵方式（自然发酵、下发酵、上发酵）间的界线并不如我们想象的那般明晰。

景下，工业啤酒集团遍地开花，逐渐垄断市场，直至今天仍是如此。如今全世界消费的啤酒中，下发酵啤酒占比超过 90%。

现今的下发酵啤酒已不再是最初的捷克皮尔森啤酒，前者啤酒花含量极少，必须低温（4 摄氏度至 6 摄氏度）饮用，才能达到解渴效果。

"真正的啤酒"的狂热拥护者常常贬低下发酵啤酒，但我们不应全盘否定它。首先，正宗的皮尔森啤酒口味绝佳，如今在捷克、德国北部，甚至法国阿尔萨斯仍有酿造。而且，部分精酿酒厂证明了采用下发酵法也能酿出极具魅力的酒饮，比如诺尔省卡斯特兰（Castelain）啤酒厂的看家产品北佬啤酒（Ch'ti）。

若想制得美味的下发酵啤酒，关键在于发酵后的步骤——贮酒。这个步骤往往遭人轻视，但却必不可少。

最后我想说，三种发酵方式间的界线并不如我们想象的那般明晰。有的酿酒师很是大胆，将主要用于下发酵的酵母以上发酵法发酵，成果十分有趣。反过来也是可以的！

近日，一位兰比克啤酒（自然发酵啤酒）酿造师将兰比克与小麦啤酒混合，创造了魔树小麦兰比克白啤（Mort Subite Witte Lambic），打破了惯常的啤酒风格分界线。

最后，不要忘了混合发酵法。佛兰德斯地区的酿酒师长期使用这种方法酿制红啤：首先用上发酵法发酵麦芽汁，再将发酵完成的酒液倒入大型橡木桶，静置数月。桶中酒液会在野生酵母（非人工添加）的作用下进行自然发酵。这种发酵法曾经几乎被人遗忘。但如今，不少精酿师对木桶陈酿产生了兴趣，便又重拾了这一方法。

贮酒

初次发酵完成，酵母饱餐一顿后，啤酒（此时的液体便能称为啤酒了）将进入休眠阶段。酒体日渐澄清，品质愈加精纯，二氧化碳将充分溶解。

就目前而言，酒厂在贮酒熟成阶段使用的设备与初次发酵时相同。这主要是因为如今的发酵罐均可控温，也就是说，酿酒师可以随时调节罐内温度，这恰好符合贮酒阶段的要求。贮酒时，温度需控制在 2 摄氏度至 4 摄氏度，酒液才能达到理想品质。

为了让贮酒之处保持低温，过去的酿酒师费尽心思，比如建造恒温深窖，冬天时从河流、池塘中取来冰块置于窖中，想方设法让冰块尽可能长时间地保持冰冻状态。

贮酒至少需要两至三星期，时间越长，啤酒的香气与口味越丰富。

但如今，将啤酒贮藏两至三星期的情况已越来越罕见。无论工业酒厂还是精酿酒厂，出于收益考量，都会尽可能地缩短贮酒周期。实

← 糖化室中的铜罐，闪闪发光。20 世纪初以前，酒厂使用的均为铜制大罐。

↑贮酒期须定期品尝啤酒，以评估酒液变化。

际上，许多酒厂不得不尽快将产品推向市场，或是因为发酵罐紧缺，或是因为预算有限，反正啤酒品质因此下降了不少，令人惋惜。

贮酒初期，有的酿酒师会往酒液中添加啤酒花，种类往往有别于煮沸时所添加的啤酒花。干投酒花（英文为 dry hopping）能为酒液再添香气，通常带有苦味。这种啤酒花多为新鲜果穗，因此，酿酒师须将其装入小袋（类似卤料袋），避免植物碎屑残留于酒液中。干投酒花带来的香气无法持续太长时间，酒液装瓶后至多三到四个月即须饮用。

如今，法国北部酿酒师流行使用"窖藏啤酒"（bière de garde）一词，这个词没有什么具体意义，毕竟所有啤酒都应贮藏至少两至三星期。北部酿酒师使用这个词，是为了将自家产品与日常饮用的贮酒期短的啤酒区分开来。新出台的法规规定，贮藏三周的啤酒才能称为

"窖藏啤酒"，这是最低限度！要知道，德语单词 lager（拉格）指的就是贮藏（lager 在德语中有"贮藏"的意思）了一段时间的下发酵啤酒，但具体是多长时间，从来没有明确过。"拉格"一词如今已十分泛滥，甚至带有贬义，尤其对于喜爱口味香浓的啤酒的消费者而言。在英国人眼里，拉格指的就是金黄色的啤酒。

低温贮藏结束后，酒液将被装瓶，再贮藏于温暖之处。在这个阶段，酿酒师通常会往啤酒中加入酵母，采用的菌株往往与初次发酵时的不同，甚至会添加糖分，以便于酵母繁殖。这是比利时的酿酒特色，不但能提高酒精度，还能令酒液口味更加浓郁。

过滤

贮酒期（越长越好）终于结束，接下来，

↑ 一家捷克酒厂中的敞口式发酵罐，这种发酵罐能为啤酒赋予更丰富的香气。

酿酒师将对啤酒进行过滤，去除残留的细小微粒，使酒液清澈澄净。工业啤酒尤其需要过滤，这样才能让消费者的杯中之物尽可能地魅惑迷人。

然而，过滤并不是必需的。我曾在诺尔省巴韦市结识了一名年迈的酿酒师，他对市面上越来越常见的浑浊啤酒有不少怨言。"在我们那个年代，"他大声咒骂道，"谁要售卖如此肮脏的啤酒，那都不配称作优秀的酿酒师！"浑浊的啤酒不是好啤酒，甚至是失败的啤酒，如今的消费者已不再抱有此般成见。

未经过滤的啤酒中含有微粒，能为酒液增添风味，这一点与威士忌类似。

酒液浑浊也表明，这款啤酒在装瓶后又添加了酵母与糖，经历了二次发酵，拥有非一般丰富的香气与风味。

所以，如果精酿啤酒的瓶身上带有"未经过滤"的标签，那或许是酿酒师的自豪宣言……当然，这也可能含有另一层意思：酒厂难以负担尖端的过滤设备。"未经过滤"的标签旁，往往还有一个"未经巴氏消毒"的标签，但这又是另一个故事了……

未经过滤的啤酒中含有微粒，能为酒液增添风味，这一点与威士忌类似。

← 金属啤酒桶。

包装

桶装啤酒

酒桶容量 15 升至 50 升不等，主要配以咖啡馆及酒吧中的扎啤机使用。举办宴会或家庭聚餐时，可直接从酒厂或经销商处租用酒桶及便携式打酒器。近年来，5 升或 6 升装的桶装啤酒越来越常见，方便在家饮用，比如配备了炮弹状二氧化碳气罐的喜家用啤酒机，或飞利浦的 Perfect Draft 背压自动啤酒机。部分大型企业会使用数百升甚至一两千升的啤酒桶，比如巴黎迪士尼乐园。酒厂卡车会将啤酒直接运至酒桶所在地，将酒液倒入其中。不过，这样的大型酒桶在法国仍相当罕见。

溶解在啤酒中的二氧化碳会形成泡沫，对啤酒起到保护作用。啤酒也因此能够从酒桶中"自然"流出。19 世纪以前，人们是手动泵出啤酒的。直到今天，部分传统英式酒馆依然使用着这种手动啤酒泵。去英式酒馆，我必须亲自泵出啤酒。我只打了两泵，真艾尔啤酒就填满了酒杯。说不骄傲是假的，这可不是每个人都能做到的！

但是，若要以压力从桶中抽出啤酒，只能使用气体增压，尤其是下发酵啤酒。最常用的气体是中性的二氧化碳，它能与啤酒完美兼容，毕竟啤酒本就含有这种气体。即便使用其他气体，也是能与二氧化碳共存的气体，主要是氮气。爱尔兰世涛的标志性"奶盖"泡沫便源自氮气，啤酒因此拥有了香甜顺滑的口感。我曾在健力士（Guinness）酒厂品尝过未加氮气的世涛，相信我，十分呛人，甚至可以说是苦涩。为了还原使用氮气打出的扎啤的标志性口味，健力士在金属啤酒罐中放置了一颗装有氮气的小球。啤酒罐一打开，小球就会自动释放氮气，较好地还原了扎啤风味。

无论使用哪种气体，都必须校准压力值，这样才能打出可口的啤酒。压力太低，打不出丰盈泡沫；压力太高，啤酒会猛地喷涌而出，四处飞溅。在不同温度、不同湿度下，所需压力也会有所不同，须时时留意压力值的调校。

扎啤机设备的养护绝对是法国酒馆的薄弱环节，许多酒馆打出的啤酒质量仍有极大改进空间。不打酒时，啤酒会沉积于管道内，迅速变质，因此须定期对扎啤机进行细致养护。清洗设备不难，但许多工作人员的清洗方法并不正确。更糟糕的是，在周末及节假日闭店期间，酒馆要么很少清空打酒管道，要么往里面灌满了清水，导致打出的前几杯啤酒难以下咽。

从这些细节就能看出，法国并不是一个真正具有啤酒文化的国家。在其他一些国家，这样的行为完全不可想象，尤其是在德国、比利时及英国。

→ 酒窖中的大型酒桶（第 60、61 页）。

标准酒瓶为 250 毫升，但这个
标准仅适用于法国。在其他大
多数国家，330 毫升才是标准。
而对于酒量大的德国人或英国
人来说，标准酒瓶是 500 毫升。

啤酒酿造完成后，应便于饮用，也就是说，应将啤酒装入合适的容器之中。啤酒包装主要有两种，桶装及瓶装。不过，如今的啤酒类型丰富多样，容器亦五花八门，更好地满足了消费者的需求。

瓶装啤酒及罐装啤酒

19 世纪，玻璃啤酒瓶的诞生革新了啤酒消费市场。如今的酒瓶有多个型号，小至 150 毫升（是的你没听错）的酒瓶，大至 9 升的亚述王瓶……我可不愿在没有帮助的情况下用亚述王瓶为朋友倒酒。

标准酒瓶为 250 毫升，但这个标准仅适用于法国。在其他大多数国家，330 毫升才是标准。而对于酒量大的德国人或英国人来说，标准酒瓶是 500 毫升。

我个人从不喜欢 250 毫升的酒瓶，有些小家子气。20 世纪 50 年代，酒商及玻璃厂商开发了这种尺寸，试图以低价六瓶装的产品形式打入超级市场。

1892 年，美国人威廉·佩因特（William Painter）发明了啤酒瓶的金属瓶盖（法语为"couronne"，也有"王冠"的意思），他创立的金属包装公司如今已是全球行业巨头。这种金属瓶盖需借助开瓶器才能打开，因此，人们又研发了旋钮瓶盖及带拉环的瓶盖，但尚不普及。

近年来，古老的卡扣玻璃瓶回归市场，大概是为了突显所谓的"手作质感"……但事实上，工业酒厂也会使用这种酒瓶。

阳光是瓶装啤酒的敌人，会令酒液迅速变质。最好使用棕色玻璃瓶盛装啤酒，只有棕色才能有效保护瓶中酒液。但营销人员认为，棕色玻璃瓶有损产品形象，于是乎，市场上大部分酒瓶都是绿色的，甚至是透明的，这对啤酒的伤害有增无减。

金属啤酒罐，无论铝质还是钢质，最大优点在于能令啤酒完全免受日光侵蚀。有人认为，使用金属罐盛装的啤酒具有金属气味，但这不过是臆想，不是现实。自 1962 年起，啤酒罐才配备了拉环，方便开罐饮用。啤酒罐的法语是"canette"。这个词语并不准确，至少不应指代"啤酒罐"。实际上，从很早以前开始，canette 指的就是"带陶瓷卡扣、750 毫升或 1 升的大瓶子"。而如今，金属罐已将 canette 一词据为己有。20 世纪 30 年代末，锡罐于美国诞生，被称为"tin-can"，简称"can"。于是，法语地区的人们更改了 canette 的意思，以之指代"金属罐"。

当然，金属罐有不同尺寸，从 250 毫升到 1 升不等。最常见的无疑是 500 毫升，可以单独售卖，立即饮用。我拥有一个极其罕见的 240 毫升金属罐，来自突尼斯啤酒品牌塞尔提亚（Celtia）。究竟为什么会少了 10 毫升，我百思不得其解。

然后呢？

包装好后，就可以将啤酒送往消费者手中了。啤酒很脆弱，经不起过大的温度变化。若暴露在 30 摄氏度或以上的高温中，啤酒风味将严重受损，甚至完全变质。过去的消费者大多在酒厂附近享用啤酒，运输并不构成问题；而如今，大型工业啤酒集团主导了市场，运输里程大幅增加。因此，须对啤酒进行消毒，酒液才能经受住一路颠簸。这种消毒方法称为"巴氏消毒法"，通过短时间内的高温处理让啤酒变成惰性物质，在容器中不再变化。消毒后的啤酒确实变得更稳定了，但风味也大不如前。最重要的是——虽然我不了解客观数据——啤酒中的矿物盐与维生素因此大量流失，而这两种物质是构成啤酒丰富口感的关键所在。

精酿酒厂不实施巴氏消毒，他们也的确负担不起消毒设备。通常而言，德国啤酒是未经消毒的。装瓶或装桶后的德国啤酒，其细腻口感与丰富香气只能维持短短数月，还不足以完成长途运输。因此，在法国喝到的德国啤酒是经过了巴氏消毒的出口版本，较德国本土版本逊色许多。

若想喝到正宗的莱茵河畔啤酒，如果可能的话，最好前往德国当地，品味处于最佳状态的酒液。而且，置身于德国的啤酒文化中，探索德式啤酒，相得益彰，不是更好吗？

现在，我们已经知道了啤酒是什么，是时候了解啤酒的口味了！

↑ 卡扣玻璃瓶。

→ 托盘上的啤酒桶（第 64 页）与棕色啤酒瓶（第 65 页）。

酒厂故事

每一家酒厂中，都有一个男人或一个女人（可惜女性酿酒师实属罕见），他们不仅是酒厂的主心骨，更是酒厂的灵魂。本章介绍了 10 位酿酒师的故事，以此致敬他们的创造力及酿造技艺。10 位酿酒师背景各不相同，这一点也反映在了他们的啤酒作品中。

POR-
TRAITS

#01 葡萄园啤酒厂（BRASSERIE DES VIGNES）

斯特凡纳·杜梅纽
（Stéphane Dumeynieu）
法国格罗莱市马塞尔帕尼奥尔大街 **9** 号

醉酒的甘布里努斯

格罗莱是古时的羊皮制革之都。在当地古老巨大的皮革加工厂内，斯特凡纳·杜梅纽酿出了具有非凡酸味的啤酒，甚至可以说重新塑造了贵兹啤酒[1]……而这一切发生在距离布鲁塞尔将近 1000 公里的地方。

斯特凡纳·杜梅纽享受反叛的生活，乐于从事与家族传统背道而驰的职业。杜梅纽的父辈来自比戈尔，从事葡萄酒酿造，而他却更喜欢啤酒。在图卢兹求学时，杜梅纽便开始自行酿酒了。那时，他住在图卢兹市中心的地下室，门前街道狭窄。每当他购置的麦芽送上门时，总会引发交通堵塞！

结束了漫长的学生生涯后，杜梅纽在南法乐土拉沃尔的葡萄园中谋得了一份教师的工作，但他对啤酒的热情分毫未减。他在图卢兹免费广播频道主持啤酒专栏节目，并与他人共同创立了南部-比利牛斯大区啤酒之友俱乐部。在那个年代，能在图卢兹找到美味啤酒可是一件壮举。

杜梅纽酿制的首批"半专业"啤酒获得了好评，于是他决定转行成为专职啤酒酿造师。

他在加亚克[2]附近的蒙丹村觅得了合适的酿酒之地——一处古老的葡萄酒酒库！同时，他也为酒厂找到了现成的名字——葡萄园啤酒厂。

杜梅纽酿造的啤酒很是新颖，就连名字也令人耳目一新：偷渡者（Clandestine）、自由者（Libertine）、轻罪者（Délinquante）。他还将冬季啤酒取名为卡拉黑啤（Calabrune）[3]。这些啤酒要么添加了气味浓烈的啤酒花，味道极苦；要么酸度堪比柠檬。酒标上印着塞尔日·菲多斯（Serge Fiédos）的漫画，配有法语及欧西坦语[4]，极受欢迎，尤其受到图卢兹酒客的喜爱。很快，葡萄酒酒库已无法满足酿造需求，杜梅纽将酒厂搬到了格罗莱，依然在塔恩省内。搬迁后，酒厂名字未曾变更，产量略有提升。

从微小，到巨大

杜梅纽在格罗莱集市上售卖啤酒时，结识了一位迷人的女士，她的丈夫是城里最有名望的皮革商人之一。长久以来，格罗莱一直是羊皮制革之都，那里的水质十分柔软，且含有一种特殊单宁（具体是哪种单宁是个秘密），使得

---

[1] 一种酸味啤酒。

[2] 法国古老的葡萄酒产区，位于图卢兹东北部。
[3] 与法国总统夫人卡拉·布吕尼的名字谐音。
[4] 通行于法国南部的一种语言。

←图中戴眼镜者为斯特凡纳·杜梅纽。

皮革格外坚韧。羊皮从世界各地（包括新西兰）运往格罗莱，在超过15米高的建筑物中接受整理与干燥。然而上个世纪末，全球化之风吹拂而过，格罗莱的制革厂陷入无以为继的困局。2011年，皮革商朋友提出，让杜梅纽在制革厂中酿酒：两栋楼，共计5000平方米，带有可调节的木质百叶窗。杜梅纽曾因酿造空间不足而发愁，但如今，他的酒厂空间已绰绰有余！

除了酿酒室外（毫无疑问），新酒厂里还有一间大型品鉴室，并配置了像样的吧台，以及一间展示厅，用于展出南部-比利牛斯大区的啤酒与杜梅纽的麦芽收藏。还未搬迁时，杜梅纽就已在酝酿不同风格的新款啤酒。搬迁后，他终于能将想法变为现实。或许是家族的葡萄酒酿造背景起了作用，杜梅纽开始使用盛装过当地葡萄酒（尤其是加亚克地区的葡萄酒）的木桶盛装啤酒，进行天然发酵。他会将酒液贮藏数年时间，以使其达到品质巅峰。奇数年啤酒名为"葡萄园泡泡"（Bulles de Vignes），偶数年啤酒名为"天使之风"（Vent d'Ange）。很明显，都与葡萄酒有关……

一段时间后，杜梅纽才将这种天然发酵啤酒改称为"贵兹啤酒"，因为它完全符合贵兹啤酒的香型风味，即强烈的酸味下逐渐渗出果香。

当然，杜梅纽的啤酒并不是比利时贵兹啤酒的复刻版。首先酒桶就不一样，更别提天然酵母了，酵母可没有护照。而且，他的啤酒为750毫升瓶装，与经典"香槟"[1]的包装毫无相似之处。当地人手工酿制利口酒时，会使用杜梅纽的啤酒。杜梅纽热衷于将人们召集到一起，共同发展精酿事业。创建啤酒之友俱乐部时，他就展现了强大的号召力。有一年，他集结了多名当地酿酒师一同前往摩泽尔省里什蒙啤酒沙龙，只为彰显南部-比利牛斯大区的精酿实力。努力学习欧西坦语之余，杜梅纽还成为首

全黑啤酒
（**LA TOUT-Ô-BLACK**）
既甜又酸。

批加入"自然与进步"（Nature & Progrès）有机认证机构的酿酒师。该机构的认证标准比寻常的 AB（Agriculture Biologique，有机农业）有机认证严苛得多。在不远的将来，杜梅纽计划在当地发展麦芽及啤酒花文化，并采用本土原料酿造啤酒，从而更好地保护生态环境。

―――――――――――
1 比利时贵兹啤酒被称为"啤酒中的香槟"。

#02 | 康迪隆啤酒厂（BRASSERIE CANTILLON）

让-皮埃尔与让·范罗伊（Jean-Pierre & Jean Van Roy）
比利时布鲁塞尔（安德莱赫特）格德街

我的贵兹啤酒怎么了？

在啤酒爱好者，尤其是贵兹啤酒的狂热爱好者心中，康迪隆久负盛名。这家酒厂年产量约17万升，而市场需求量是产量的20倍之多。自1900年以来，康迪隆啤酒厂未曾改变过。让-皮埃尔——如今是他的儿子让·范罗伊——逆流而上，延续着已被大部分兰比克酒厂遗忘的酿酒传统。

古老的兰比克啤酒是一种自然发酵酒饮，在20世纪险些失传。兰比克啤酒的酿制过程十分缓慢（贵兹啤酒由数种兰比克混合而成，酿造需耗时三年）、风险高（酿造失败是常事）、收益低。为了避免酒液受到感染，只能在冬季酿造。在距离布鲁塞尔市中心不远的安德莱赫特，让-皮埃尔·范罗伊遇见了当地酿酒师的女儿康迪隆女士，因此走上了酿酒道路。范罗伊曾先后做过培训讲师与飞利浦销售人员，与酿酒都没有关系。1969年8月，范罗伊的岳父直言不讳地表示："酒厂要么你接管，要么我就关了。"康迪隆先生的啤酒厂经营状况不佳，布鲁塞尔人越来越不喜欢这种酸味浓郁的啤酒，转而饮用工业化的皮尔森啤酒。在啤酒行业中，贵兹可能是最不赚钱的啤酒种类。或许出于对康迪隆女士的爱，或许出于对贵兹啤酒的喜欢，

让-皮埃尔·范罗伊接受了岳父的提议，接管酒厂，决心带领公司摆脱困境。当时他并不知道，等待他的是20余年的艰苦奋斗。

维系传统

为了打响自家啤酒名气，让-皮埃尔·范罗伊将酒厂改造为"活的博物馆"，于1978年开门迎客。酒厂中的设备几乎已有百年历史，但保养得很好，还可酿造兰比克啤酒。酒厂每年举办两次公开日活动，参观游客须在早上六点半到达，这是酿造开始的时间。酿酒师会为游客展示每一个步骤，并细致讲解，最后以"将酒液置入冷却器进行发酵"结束这一天。

同时，让-皮埃尔·范罗伊也在努力争取，希望官方重新认可兰比克啤酒与贵兹啤酒。在这条路上，仍有少数精酿师与他为伴。这两种啤酒尊重传统，而工业酒厂践踏了百年来的酿造习惯，以极快速度酿出仅有淡淡酸味的工业啤酒，令啤酒小白产生错误认知。法律斗争很是艰辛，但这群精酿师终究会在保护传统啤酒的战斗中取得宝贵胜利。

出口拯救了康迪隆

在让-皮埃尔·范罗伊年复一年的努力下，

康迪隆啤酒厂渐渐走出了财务泥潭。不过，真正让酒厂起死回生的却是出口业务。真心实意热爱啤酒的人遍布世界各地，美国尤其多。美国消费者终于发现了埋藏在康迪隆酒窖中的宝物，其中当然不乏传统酒款：100% 兰比克贵兹啤酒（自 1999 年起采用有机谷物酿造）、以天然樱桃酿造的克里克啤酒，以及以覆盆子酿造而成的甘布里努斯的粉红啤酒（Rosé de Gambrinus）。让-皮埃尔·范罗伊和儿子也在探索新风味，比如布鲁塞尔特级庄园啤酒（Grand Cru Bruocsella），这款兰比克啤酒历经三年陈化，带有独特的葡萄酒风味；伊丽丝（Iris）纯麦啤酒，掺入了一部分新鲜啤酒花（其他酒厂只用啤酒花压缩颗粒），苦味鲜明；"葡萄酒酿酒师"（Vigneronne），一款兰比克啤酒，酿造时会将白葡萄浸入酒液中（已失传的古法）；"疯浮纳"（Fou'Foune），陈化两年的兰比克啤酒，使用贝热龙李子[1]酿造而成；"鲁贝贝"（Lou Pepe，在欧西坦语中是"爷爷"的意思），装瓶后二次发酵时，会加入甜利口酒，酿造方法

1　法国李子品种。

类似香槟！在"幽默故事"（Zwanze）这款啤酒上，范罗伊将创造力发挥得淋漓尽致。灵感源自传统的世涛配方，原料为生小麦，采取自然发酵法，陈化 28 个月。陈化用桶共有三种：兰比克桶、罗讷河谷红葡萄酒桶，以及干邑桶。以此法酿出的

康迪隆啤酒
（Cantillon Vigne-ronne）
麦芽与葡萄的融合。

"幽默故事"带有惊人的水果香气及陈年葡萄酒香气，是一款"狂野"的世涛啤酒，大受欢迎，价格在互联网上炒到了 10 倍之高。然而，康迪隆啤酒厂谴责并叫停了投机倒把的行为。如今，"幽默故事"啤酒仅在世界各地的酒吧及啤酒商店中有售（其中一家啤酒商店位于巴黎），供客人现场品鉴。将酒液装于桶中进行长时间的发酵与熟成需要大量空间，而格德街的酒厂已经完全饱和。2014 年，好消息传来，让·范罗伊在原酒厂附近买下了一处场地。两年内（恰好是兰比克啤酒的发酵时间），产量将翻番。

← 范罗伊父子。

| #03 | 安德拉尔农场科瑟纳尔德啤酒厂（BRASSERIE CAUSSE-NARDE DU MAS ANDRAL） | 阿芒迪娜与巴蒂斯特·奥盖（**Amandine & Baptiste Augais**）法国圣博利兹市安德拉尔农场农业合作社 |

永远的喀斯！

　　正如酒厂名字所示，科瑟纳尔德啤酒厂位于拉尔扎克的喀斯石灰岩高原上[1]。除了酿酒以外，阿芒迪娜·奥盖与巴蒂斯特·奥盖还种了庄稼，养了牲口，且自行制麦。酒厂地处偏远，只能自力更生。他们酿出的卓越啤酒亦体现了乡村生活的诸多特点。

　　艰难开过曲折蜿蜒的碎石公路，终于抵达安德拉尔农场。这里狂风强劲，从未停歇。农场位于阿韦龙省南部的拉尔扎克山梁之上，原是一栋老旧谷仓，附属于诺南科熙笃修道院（始建于 1146 年）。主屋的大壁炉上挂着修道院院长罗克弗伊（Roquefeuil）的徽章，她在 1460 年左右修复了这处地方。奥盖夫妇在这里经营农业合作社已有数十年，主要业务是饲养母羊，并以羊奶制作罗克福干酪。干酪窖距农场不到 20 公里。奥盖夫妇也贩卖羊肉，种植庄稼，包括大麦、小麦及其他几种谷物。

迫不得已

　　与妻子阿芒迪娜及兄弟姐妹接手安德拉尔

农场前，巴蒂斯特·奥盖遍游欧洲。自 15 岁起，他便在德国品尝了多款啤酒，尤其是班贝格的啤酒。以这种方式进入啤酒世界，还不算最糟糕的！这块酿酒圣地出产的烟熏啤酒，没有哪个啤酒爱好者不认识。后来，巴蒂斯特和一群瑞士朋友在业余时间学习酿酒。回到拉尔扎克后，他很快就生出了专职酿酒的想法。毕竟多添一项业务不会对农业合作社的财务状况产生负面影响。不过，由于安德拉尔农场地处偏远，引发了几个小问题。

　　毫无疑问，奥盖夫妇可以使用农场种植的谷物酿造啤酒。但怎么制麦呢？制麦这一步骤必不可少，而最近的制麦厂也在数百公里之外，且未必愿意制备如此少量的麦芽，并将麦芽运到酿酒厂。制麦工作的外包成本或许高得吓人，因此对于农场主来说，自行制麦显然更有利。

　　没有足够资金购置专业制麦设备（市场上鲜有设备能适配如此小的制麦量），足智多谋的巴蒂斯特凭借想象力找到了自行制麦的方法。他将一间房间布置为大型浸麦室。将谷物浸湿后，把

科瑟纳尔德燕麦啤酒（Causse-narde L'Avoineé）
谷物浓汁。

1　喀斯（causse）指法国中部与南部的石灰岩高原，而科瑟纳尔德（caussenarde）的原意为"与喀斯地区相关之物"。

个阿芒迪娜·奥盖与巴蒂斯特·奥盖。

它们铺摊在地上，等待发芽。随后再将发芽谷物转移至隔壁的干燥器中。干燥器配备有极其高效的热量回收系统，能制出上乘麦芽。最后只需去除麦芽侧根即可。使用此方法，8天可制得600千克麦芽。农场的谷物产量为7吨，可酿造40000升啤酒，这也正是酒厂目前的产量！

足智多谋的巴蒂斯特克服了地段偏远的问题。

谷物之味

自2008年创建以来，科瑟纳尔德啤酒厂出产的精酿啤酒风格较为经典，酒款包括金啤、琥珀啤酒、白啤与棕啤，个性十足，口味鲜明。

巴蒂斯特尝试运用安德拉尔农场的其他谷物酿造啤酒，彰显了他的创造力。真正引起我的兴趣，甚至让我激动万分的，是他酿造的黑麦啤酒。这种谷物口感很涩，且会在过滤阶段引

发问题，没有几个酿酒师愿意使用。巴蒂斯特精心配比了谷物用量，酿出了最美的黑麦啤酒：口感干爽，带有一丝单宁味道，令人心动不已，而且非常解渴。燕麦啤酒（Avoinée）的味道也同样有趣。还有一款世涛，具有罕见的丰富口感。科瑟纳尔德三料啤酒（Caussenarde Triple）以四种谷物酿造而成，真正做到了浓缩谷物风味之精华。啤酒花用量接近于IPA，带有柑橘芳香，口味不错。

目前而言，阿芒迪娜与巴蒂斯特不太喜欢啤酒花的苦味，不过最近，酒厂附近开了一家啤酒花种植园。我相信，他们很快就会利用啤酒花酿出独具匠心的啤酒。

无论在科瑟纳尔德啤酒厂还是当地市场（比如圣阿弗利科市场），都能买到他们家的啤酒。最近，他们的产品还入驻了数家先锋酒水店。

不到10年时间，科瑟纳尔德啤酒厂就让拉尔扎克成为啤酒之乡，此前没有人相信他们能做到。

#04 兰斯洛特啤酒厂（BRASSERIE LANCE-LOT）

埃里克·奥利夫与斯特凡纳·凯尔多德
（ **Eric Ollive & Stéphane Kerdodé** ）
法国洛克圣安德烈市维尔德镇

比我更像凯尔特人……

　　这家酒厂是布列塔尼大区的传奇，不仅因为它以创始人贝尔纳·兰斯洛特（Bernard Lancelot）[1]的名字命名，也因为自2004年起，埃里克·奥利夫与斯特凡纳·凯尔多德接手了酒厂。他们与创始人一样，都是地地道道的布列塔尼人。

　　要成为酿酒师，往往要经历不少磨难，贝尔纳·兰斯洛特也不例外。20世纪80年代，他在核工厂中担任工程师。后因不堪生活重负，迁居至莫尔比昂省中部的盖尔马亚庄园，成为一名养蜂人。探究蜂蜜新用途时，兰斯洛特发现，凯尔特人的高卢大麦啤酒似乎是用蜂蜜调味的。

　　我们已经知道这并不是事实，但贝尔纳·兰斯洛特对与布列塔尼文化相关的一切都十分感兴趣。（毕竟姓兰斯洛特，还能怎么办呢？）于是，他开始自学酿酒，动手实操，就连家中客厅也摆满了酿酒的塑料大桶。1990年初，他推出了第一款啤酒，命名为"兰斯洛特高卢大麦啤酒"（Cervoise Lancelot），酒体呈红棕色，口感

柔和（酒精度6%），如今依然在售。虽然最初的品质不太稳定，但这款精酿啤酒（布列塔尼历史上的第二款精酿啤酒，第一款是"科莱夫"）仍然获得了不少好评。兰斯洛特因此得以扩张业务，并聘请了微生物学家以保证产品质量。

泰勒恩杜啤酒（ Telenn Du ）
黑啤，以黑小麦酿造！

　　贝尔纳·兰斯洛特为啤酒取的名字都与布列塔尼有关，明显得不能再明显了：安妮公爵夫人（Duchesse Anne）、白鼬小麦啤酒（Blanche Hermine，白鼬是布列塔尼的代表动物）、莫尔干啤酒（Morgane）、泰勒恩杜荞麦棕啤（Telenn Du，传统竖琴）、红帽接骨木啤酒等。每逢萨温节（凯尔特人的除夕夜），布列塔尼人都会举办盛大的节日活动。兰斯洛特曾借此机会公开酿制了一款酒精度11.1%的特种啤酒。

　　和你分享一则小故事：泰勒恩杜啤酒的酒瓶上曾印有一把凯尔特竖琴。这款产品推出不久后，健力士便找上了门，威胁要把兰斯洛特告上法庭，因为竖琴一直是健力士的商标。兰斯洛特选择妥协，将竖琴图案换成了如今的三

1　贝尔纳·兰斯洛特与亚瑟王传奇中的圆桌骑士兰斯洛特同名。后者出生于布列塔尼，是亚瑟王麾下最著名的圆桌骑士之一。

臂辐射状图案，这也是个古老的凯尔特符号。当时，兰斯洛特不过是家小小的精酿酒厂，爱尔兰巨头竟对其如此忌惮，着实不可思议。

兰斯洛特越做越大，但从不否认酒厂的根在布列塔尼。

繁荣兴盛的金矿

20 世纪末，盖尔马亚庄园已实在容不下酒厂业务，于是，兰斯洛特将酒厂迁至新址。那是座位于森林中央的古老金矿，依然在莫尔比昂省内，不仅更适合酿酒，而且十分独特。金矿以金属及红砖构建而成，历史可追溯至 19 世纪末。在新晋精酿品牌中，兰斯洛特的酒厂是翘楚之一。不久后，祖籍布列塔尼、长于莫尔莱的斯特凡纳·凯尔多德加入了团队。凯尔多德与埃里克·奥利夫曾一起在兰斯洛特啤酒厂实习，后又在行业巨头百威英博工作了一段时间，精进技艺。他也曾获得其他公司的工作邀约，但工作地点距布列塔尼太远，便还是选择了兰斯洛特啤酒厂。凯尔多德推出过一款可乐，起名为"布雷兹可乐"（Breizh Cola），还为此创立了公司——西部灯塔（Phare Ouest），与兰斯洛特啤酒厂共用酿造设备。布雷兹可乐不仅大受好评，甚至掀起了一股风潮，市场份额迅速跃居至布列塔尼地区第二。至于第一名是哪个品牌的可乐，你可以猜一猜……

眼见布雷兹可乐大获成功，贝尔纳·兰斯洛特欣慰不已。他认为这"两头初生牛犊"已能并肩作战，有能力接管公司。一生丰富多彩的兰斯洛特也到了退休年龄，此时的他只想用酿酒的谷物残渣喂喂羊，放放羊。

凯尔多德曾险些进入美容产品公司，但在烈酒公司工作了一段时间后，他坚定地选择了啤酒行业。在接受《布雷斯特电报》采访时，凯尔多德表示："啤酒是一种有灵魂的酒饮。"2004 年，奥利夫接手产品生产，凯尔多德则成为兰斯洛特啤酒厂的合伙人。努力发展业务的同时，他从不否认自己的根就在布列塔尼。凯尔多德丰富了酒厂产品（光"安妮公爵夫人"系列就有五个酒款），还开发了有机啤酒。最近，为了庆祝酒厂创建 25 周年，他推出了兰斯洛特特级庄园啤酒（Lancelot Grand Cru）及一款 IPA。此外，他还推出了若干时令酒款，包括一款秋季栗子啤酒。要知道，秋季可不是一个受酒厂（无论大小）重视的季节。

诞生于盖尔马亚庄园的小小酒厂，如今成为布列塔尼的精酿啤酒领军者，产量达 350 万升，与位于特雷甘克的另一巨头——布列塔尼啤酒厂（Brasserie de Bretagne）——不分伯仲。

可见，将凯尔特文化遗产运用至极致，收益是相当可观的，而布列塔尼有着十分璀璨的历史文化。如今，兰斯洛特已成为真正的啤酒骑士。无论如何，已没有第二家布列塔尼酿酒厂还有机会在兰斯洛特的带领下走向辉煌了。

← 埃里克·奥利夫与斯特凡纳·凯尔多德。

#05

佛兰德斯啤酒厂（BRASSE-RIE DU PAYS FLAMAND）

马蒂厄·勒桑与奥利维耶·迪图瓦（**Mathieu Lesenne & Olivier Duthoit**）
法国布拉林海姆市安德烈普洛金街 425 号

两名苦涩的弗拉芒人

佛兰德斯啤酒厂坐落于诺尔省与加来海峡省之间的一座大型村庄中，两个酒厂主都是法国北方人，虽然不会说弗拉芒语，但却热爱着佛兰德斯地区，甚至以此命名他们的酒厂。然而在酿酒时，他们首要追求的却是苦涩味道，这可不是弗拉芒啤酒的风格。

马蒂厄·勒桑与奥利维耶·迪图瓦是童年好友，都热爱啤酒。对于上法兰西大区的人们来说，这个爱好再寻常不过了。两人都很固执，毕竟要是没有决心，是很难实现酿酒师之梦的。他们推出的第一个产品系列叫作"布拉辛内"（Bracine），既与酿酒相关，又体现了他们"不忘本源"[1]。

在老家阿兹布鲁克酿制"布拉辛内"时，他们还是业余酿酒师，多亏了圣日耳曼啤酒厂（Brasserie Saint-Germain，位于艾克斯－努莱特）的朋友的帮助，才酿制成功。对于北方啤酒厂而言，布拉辛内系列的啤酒风格相对传统，但口味干净。其中包含了一款香味尤为浓郁的三料啤酒，预示了他们往后将推出更多创新之作。

做了大量功课后，他们终于找到了合适的酿酒之地——位于布拉林海姆的古老工业威士忌酿酒厂，处于佛兰德斯地区与阿尔多瓦地区之间。虽然资金不足，但好在有几位莫逆之交鼎力相助，两人成功将老旧的威士忌酿酒厂改造为名副其实的啤酒厂。2006 年，在这座酒厂里，他们开始生产贩卖各款布拉辛内啤酒。

与众不同的阿诺斯特克啤酒

阿诺斯特克啤酒（Anosteké）于 2010 年问世，着实别出心裁，首先名字就不一般。不懂弗拉芒语的人（比如我）或许不明白 Anosteké 是什么意思。这个词其实是"tot anoste keer"的音译，在弗拉芒语中是"下次再见"的意思。（下次再见时，当然要喝啤酒咯！）

除了名字很特别以外，这款啤酒还特别苦，但苦涩中带有美妙的花香与果香。传统北方啤酒与比利时啤酒一般不具有鲜明的苦味，大多圆润柔和，散发着谷物及香型啤酒花所赋予的丰富香气。马蒂厄·勒桑与奥利维耶·迪图瓦的冒险尝试非常成功，于是又为阿诺斯

阿诺斯特克啤酒
苦的标志。

1　Bracine 由法语单词 brassage（糖化）与 racine（根）组成。

←马蒂厄·勒桑（左一）与奥利维耶·迪图瓦（右一）。

特克品牌推出了不同酒款：棕啤、至臻啤酒、冬季啤酒、IPA 及赛松啤酒。如今，"阿诺斯特克"已成为酒厂产量最大的品牌。四年后，他们推出了第二个震惊市场的啤酒品牌——维尔德里尤[1]，这个弗拉芒语名字比 Anosteké 还拗口。这头野狮以布拉辛内啤酒及阿诺斯特克啤酒为基底酿造而成，两款基酒都在橡木桶内陈化了数月，由勃艮第酿酒学家克莱芒·蒂莫尼耶（Clément Thimonnier）精心看护。这种酿造方法在当时还颇为新颖，但其实源自古老传统。佛兰德斯地区的红啤酒，比如"罗登巴赫"（Rodenbach），就会在桶中陈年数月，有时长达数年，甚至会经历二次发酵。在第二次发酵中，野生的天然酵母多少发挥了一些作用！

佛兰德斯啤酒厂的每一桶酒都不一样，有的酒桶以前盛装过红葡萄酒或白葡萄酒，有的盛装过美国波本威士忌、英格兰单一麦芽威士忌或干邑。每一桶酒的装瓶数量（每个酒瓶都有编号）十分有限。消费者不仅能享受几乎独一无二的饮用体验，而且能收获新的发现。陈化后的酒精度高达 10%，甚至更高，品鉴时需谨慎。如今，这种陈化方法在北美十分流行，但在法国依旧罕见，而马蒂厄·勒桑与奥利维耶·迪图瓦无疑是该领域的先驱。在原料采购方面，两位酿酒师扎根佛兰德斯地区，优先使用当地的麦芽及啤酒花。选择当地产品，减少二氧化碳排放，这也体现了他们在环保方面做出的贡献。最近，他们推出了"骄傲啤酒"（Fière），再一次彰显了两人对佛兰德斯地区的归属感。这款啤酒色泽金黄，含有大量啤酒花，是为了致敬当地仍然盛行的斗鸡活动（虽然遭到了动物保护者的反对）而酿造的。但是不要以为马蒂厄·勒桑与奥利维耶·迪图瓦的眼界只局限于布拉林海姆周围的这片土地。他们会定期与其他精酿酒厂携手合作，不仅是法国酒厂，还有世界各地的酒厂。他们坚信，文化与思想的碰撞往往能造就与众不同的啤酒。两位酿酒师的啤酒事业十分成功，但布拉林海姆酿酒厂无法扩建，已不能满足需求。于是，两人计划在当地再开一家酒厂。当然，他们不会抛弃酒厂旧址，而是打算将原先酒厂的部分空间改造为宣传弗拉芒文化（当然还有啤酒！）的场馆。

1　维尔德里尤（Wilde Leeuw）在弗拉芒语中是"野狮"的意思。

#06 | 迪比松啤酒厂（BRASSERIE DUBUISSON）

于格·迪比松
（**Hugues Dubuisson**）
比利时皮佩市德蒙斯道

酒桶来了……

迪比松酒厂创建 250 年以来，家族一直致力于捍卫酒厂的独立性及产品的创新性。2008 年，第八代传人于格·迪比松接手业务，开始使用葡萄酒酒桶陈化啤酒。

1769 年，于格·迪比松的母亲家族的祖先约瑟夫·勒鲁瓦（Joseph Leroy）不再为吉森尼封建庄园效力，他拥有了独立产业，揭开了传奇家族的序幕。勒鲁瓦家祖祖辈辈都是封建庄园中的农民与酿酒师，那时的啤酒是免予征税的。1769 年，玛莉亚·特雷西亚女王终结了封领主的这一特权，而勒鲁瓦也借此机会在皮佩自立门户，就在老雇主的庄园对面。如今，吉森尼封建庄园早已不在，但约瑟夫·勒鲁瓦的农场与酿酒厂仍屹立于此。

在那个年代，迪比松啤酒厂的受众大多是农民。迪比松家族虽然经历了拿破仑战争及两次世界大战，但从未倒下，总能迅速让农场及酒厂业务重回正轨。1931 年，阿尔弗雷德·迪比松（Alfred Dubuisson）——于格的外祖父——决定放弃农业，专心酿造啤酒。而且，他酿造啤酒是有讲究的……

从迪比松到布什

20 世纪 30 年代，崇英之风盛行，很多比利时酒厂担心难以与英国酒厂抗衡，但阿尔弗雷德决定和英式啤酒正面对抗，推出了一款琥珀色的烈性啤酒（酒精度 12%），这在比利时前所未见！阿尔弗雷德具有超前的营销理念，将这款啤酒命名为"布什啤酒"（Bush Beer），正是迪比松啤酒的英文翻译[1]。布什啤酒很快获得了大家的喜爱，直到今天依旧很受欢迎。作为比利时最古老的啤酒品牌之一，80 年来，布什啤酒的酿造配方始终如一。

1990 年，于格·迪比松接管家族企业，他愿意坚守传统，同时也想与时俱进，甚至憧憬超越时代，走在最前端。他开始扩充"布什"系列，推出了"圣诞"款及"金啤"款。无须

布什夜啤酒
（**Bush de Nuits**）
当啤酒具有葡萄酒香。

1　迪比松（Dubuisson）中的 buisson 一词在法语中有"灌木丛"的意思，而 bush 一词在英文中也是"灌木丛"的意思。

← 与众不同的阿诺斯特克啤酒。

担心，新款酒的酒精含量依旧很高。2000年，于格开了两家餐馆，第一家在新鲁汶，第二家在蒙斯，提供现酿啤酒！两家啤酒餐馆不但没有与酒厂形成竞争关系，反而提高了迪比松的知名度。新鲁汶的餐馆甚至推出了一款新品"巨怪特酿"（Cuvée des Trolls），酒精度"仅"为7%，含有橙皮，果香馥郁，受到了当地学生的青睐，风靡全城。

葡萄酒之味

于格热爱啤酒，同时也是葡萄酒迷，一有机会便会参加勃艮第的伯恩济贫院葡萄酒拍卖会。2005年，于格参加了夜圣乔治拍卖会，成功拍下一桶红葡萄酒。那一年是一个很不错的年份。将酒桶运回皮佩，把里面的红酒装瓶后，该怎么做？于格想出了一个主意，他把布什圣诞啤酒（12%）倒入酒桶，让酒液在里面待上一段时间。8个月后，酒精度上升了1%。更重要的是，酒液接触了盛装过黑皮诺葡萄酒的橡木桶，香气愈加丰富，散发出熟透水果的浓郁香气及葡萄酒香，演变为一款独特的啤酒，立刻受到消费者的喜爱，风靡全球。这款酒就是布什夜啤酒，于2008年诞生。从那以后，酒厂每年都会酿一批布什夜啤酒，每一年的香型均有所不同。我品鉴了四个年份的夜啤酒，确实感受到了这一点。

紧接着，于格·迪比松推出了另一款使用橡木桶陈化的啤酒，名为"布什至臻"（Bush Prestige）：将阿尔弗雷德·迪比松创造的布什琥珀啤酒（Bush Ambrée）置入葡萄酒桶，陈化6个月，然后装瓶，加入糖与酵母，进行二次发酵，再贮藏于温度较高的房间内数周。这款酒的酒精度为13%，黑色浆果（黑莓、蓝莓）、香草及木质单宁的香气水乳交融，芬芳馥郁。

布什霞尔姆啤酒（Bush de Charmes）是迪比松啤酒厂的最新大作：将布什金啤（Bush Blonde）置入228升的葡萄酒桶中陈年，酒桶曾盛装过默尔索酒庄的知名甄选霞尔姆白葡萄酒（Charmes de Meursault）。霞多丽葡萄为啤酒赋予了浓郁的花香与果香。

不过在研发新啤酒时，打破酒精度数纪录并不是迪比松的唯一目的，布什桃子果味啤酒（Pêche Mel Bush）就是例证。这起初是新鲁汶学生即兴调制的鸡尾酒，混合了布什琥珀啤酒与桃汁。虽说如此，这款啤酒的酒精度仍高达8.5%，是市场上最烈的果味啤酒之一。

苏尔分（Surfine）啤酒是一款名副其实的赛松啤酒，宛如约瑟夫·勒鲁瓦时期的作品。苦味干爽直接，伴有柑橘香气及花香，酒精度为6.5%，已是迪比松啤酒厂度数较低的产品！

迪比松啤酒厂的系列产品均值得品尝，搭配高品质菜肴则更为出彩，无论在勃艮第还是在比利时，都受到了消费者的赞誉。

↑ 于格·迪比松。

↑ 葡萄酒桶。

#07

加朗啤酒厂
（BRASSERIE GARLAND）

克里斯蒂安·加朗
（**Christian Garland**）
法国阿尔冈市德昂孔布道"昂加内特"农场

家中
自酿

在法国古老的农场啤酒厂中，一切生产活动都由克里斯蒂安·加朗亲力亲为：种植谷物与啤酒花、制麦、酿酒、装瓶……他甚至还亲自建造了围墙！这个自给自足的品牌获得了"自然与进步"有机认证。如今，酒厂业务由克里斯蒂安的两个女儿接管打理。

阿尔冈位于图卢兹与卡斯特尔之间，离 A61 高速公路有一段距离，离 126 国道也不近，去一趟实属不易。然而，前往克里斯蒂安·加朗的"昂加内特"（En Kanette，原名便是如此[1]）农场啤酒厂的路途更加艰辛。酒厂位于高坡上，道路既狭窄又陡峭。

1979 年，克里斯蒂安·加朗来到阿尔冈，在山谷中租下了一片农场。可惜不久后业主需要将产业收回，加朗只好另觅他处。为什么选择交通如此不便的地方？"这里风景很好。"他这么对我说，脸上挂着灿烂亲切的笑容。

1994 年，加朗开始盘算利用自己种植的谷物酿制啤酒。他是农场主转行酿酒师的先锋人

物，而且，还自行种植啤酒花。他将第一批啤酒命名为"嘉朗"（Karland），首字母 K 提醒着人们，酿造者来自法国东部。

建筑师

几年前，我前往加朗啤酒厂拜访克里斯蒂安·加朗时，他正在巨大的谷仓中组装堆在地上的木材和金属。我看不太出来他在造什么。"拖车。"他告诉我，"我要把扎啤运到集市上去卖，我最近去得越来越频繁了。"第二年，我在格罗莱精酿啤酒沙龙上又遇见了他，当时他高高地安坐在流动摊位后面……需要任何东西时，加朗都亲自动手，而大部分人会选择购买现成产品。

确定酒厂地址后，克里斯蒂安·加朗开始动手搭建厂房，只有地基是由专业建筑工人修建的。酒厂中随处可见木质材料，巨大的玻璃窗充分利用了法国西南部的明媚阳光。屋顶覆以植被，以便更好地隔热。太阳能收集器吸收阳光，从而在冬日供暖。酒厂办公室位于夹层，

嘉朗啤酒
（**KARLAND**）
百分百农场啤酒。

1　在法语中，en canette 是"罐装（啤酒）"的意思，而这座酒厂的名字是"kanette"，也就是将"canette"一词的首字母由 c 改为 k。因此，作者表示"原名便是如此"，并不是他拼写错误。

通往夹层的楼梯是一根巨型树干，树皮被仔细地剥去，并装有宽敞的实木台阶。当然，所有建筑材料都取材于当地。

加朗在农场中种植了酿酒所需的大麦及小麦，并售出多余部分，大多售予当地面包房。面包房老板十分认可用加朗农场的谷物磨制的面粉。最近，酒厂附近新开张了一家啤酒花种植园。当地原本还有另一处种植园，但该地区的第一家酿酒厂迁走后，这家种植园便入不敷出，不得不"搬迁"至别处。

酒厂内部的设备自然也由加朗一手操办，包括一个难以描述的管道系统，它能吸入需要研磨的谷物，并将磨好的谷物送入糖化室。

酒厂内最新颖的装置莫过于制麦机。在机械工程师的帮助下，加朗打造了一个高大的不锈钢桶。首先将谷物置入桶内浸泡，使之发芽，再以合适的温度烘干谷物，制成麦芽。不锈钢桶内装有轮盘，以一定的速度旋转，从而实现不同功能。我对机械装置一窍不通，难以理解这种差速传动装置的工作原理，只好放弃。

酒厂接班人

克里斯蒂安·加朗已到了退休年龄，逐渐将酒厂工作转交给两个女儿：茱莉亚（Julia）负责产品生产，弗洛拉（Flora）负责管理销售。但我想，当出现问题时，老爸绝不会袖手旁观。

就连沙龙上使用的"拖车吧台"也是克里斯蒂安·加朗亲自打造的。

"嘉朗"系列包括四款（也仅有四款）纯麦啤酒，均以上发酵法发酵。未经消毒，未经过滤，这是当然的。四款啤酒中，金啤（5%）与琥珀啤酒（6%）简朴而经典，具有美妙的谷物香气；另外两款则比较独特，卡恩啤酒（Kan，6%）以大麻调味，带有甜美花香；泥煤烟熏麦芽金啤（5.5%）由酒厂自行制备的麦芽酿造而成。

你或许已经猜到了，加朗啤酒厂的所有产品均通过了有机认证，而且是"自然与进步"认证。该机构的认证标准较 AB 及其他有机认证机构严格得多。为了进一步保护环境，"自然与进步"有机认证机构规定，种植者与酿造者之间必须具有密切关系。而加朗一家既是谷物种植者，又是啤酒酿造者，完全符合这条严苛规定。该规定似乎就是为他们量身打造的。

若是前往塔恩省旅游，不要犹豫，去加朗啤酒厂看一看吧。加朗啤酒厂的历史独一无二。不仅在法国，甚至在全世界，或许都难以找出第二家类似的酒厂。

↑克里斯蒂安·加朗夫妇和他们的两个女儿。

↑克里斯蒂安·加朗。

#08 | 滴金啤酒厂（BRASSERIE DE LA GOUTTE-D'OR）

蒂埃里·罗什（Thierry Roche）
法国巴黎滴金路 28 号
28 rue de la Goutte d'Or, 75018 Paris

给我加香料！

2011 年，蒂埃里·罗什在巴贝斯街区的中心地带创建了酒厂，向世人展示了都市酒厂也能如此完美地融入当地生活。他的啤酒不但以街道命名，而且还散发着极具都市风情的各式香气。

几十年前，我初到巴黎，很快就听闻了滴金街区的大名，但这并非旅游胜地的美名。这个街区臭名昭著，甚至称得上龙潭虎穴……大家都强烈建议我不要在太阳下山后前往那里。当时，巴尔贝斯街区已踏上了"布波族[1]化"的道路。2000 年初，蒂埃里·罗什误打误撞地定居于此。而此时，街区的布波族化程度已相当高了。罗什以前是公关从业者，主要在互联网上开展业务，业余酿酒也已有很长一段时间。迈入四十大关后，罗什决定改变生活方式，不再为他人效力，改而为自己工作。为什么不做个专业酿酒师呢？于是，罗什前往拉罗谢尔，完整地学习了酿酒课程，并在巴黎找到了合适的酿酒场所：滴金街 28 号，这里从前是一家餐馆。酒厂的名字也应运而生。罗什使用在众筹

---

1 布波族（Bobo）：追求物质享受的布尔乔亚阶级与崇尚精神自由的波西米亚人群的综合体。

平台 Ulele 上筹集的资金，加上自己的存款，购买了启动酿酒事业必需的设备：一个 1000 升的酿酒槽以及几台发酵罐。

虽然酒厂临街而立，但罗什并未打算开一家提供现酿啤酒的咖啡餐馆。酒厂开张时，罗什对我说："我对咖啡一无所知，也不打算学。"

世界各国的香料

酿制第一批啤酒时，蒂埃里·罗什就没有走寻常路：米哈（Myrha）淡色艾尔以枣为主要酿造原料，加以美国啤酒花调香；煤炭场啤酒（Charbonnière）的灵感源自巴黎北站的旧有煤炭场，麦芽经泥煤烘干，为酒液赋予了烟熏香气；红城堡啤酒（Château Rouge）是一款含有三种辣椒的红啤；欧内斯廷（Ernestine）IPA 味道苦涩，带有浓郁果香，令人联想起滴金路上的老酒厂沙普卢瓦兹（Brasserie la Chapelloise）。

小酒店啤酒（L'ASSOMMOIR）
烘烤风味，红色浆果。

→ 将啤酒装瓶（第 86、87 页）。

限量款啤酒

滴金街位于巴黎环路与拉夏贝尔大道间。如果你不知道这条街，那么看见下述与这条街道相关的名字，或许不会有太多感觉。阿里斯蒂德·布里昂（Aristide Bruant）[1]与屠夫男孩乐队（Les Garçons bouchers）的弗朗索瓦·哈吉-拉萨罗（François Hadji-Lazaro），都曾在歌曲中提到过滴金街；爱弥尔·左拉（Émile Zola）也曾以破败的滴金街为背景，创作了小说《小酒店》（L'Assommoir）。罗什的一款姜味帝国世涛（9.7%）就以"小酒店"为名。

除了常规酒款，酒厂不时还会推出一些特别合作款，比如"小毛孩"（La Môme）啤酒，色泽金黄，专为斯蒂芬森街的同名餐厅酿造；再比如小皮加勒（Petite Pigalle）啤酒，一款清淡的配餐啤酒（4.3%），带有柑橘芳香，只能在乐皮加勒酒店（Le Pigalle）中喝到。

剩下的啤酒都是限量款，往往只酿造一次。我住得远，去滴金啤酒厂的频率赶不上他们推新款的频率，实在令人沮丧。酿造限量款时，罗什会更大胆地选择来自世界各地的香料，利用特殊的啤酒花开发出前所未见的啤酒香型。3特（3 Ter）啤酒中加入了洛米咖啡馆（Lomi，位于马尔卡代街）的黑咖啡；立体唇（Stéréo Lips）啤酒中含有干红辣椒、乌干达香草及黑麦；勾门（Go Men）啤酒以山葵及带有胡椒苦

1　法国19世纪末著名男歌手。

味的萨兹啤酒花（Saaz）酿造而成；有一款名为"为什么是这里？"（Why Here？）的黑啤，带有英式啤酒的浓郁苦味，虽然麦牙经过深度烘烤，但酒精度并不高（4.5%）；巴尔贝斯1号（Barbès #1）是一款自然发酵的酸味啤酒；巴尔贝斯2号同样经乳酸菌自然发酵，以香菜及鼠尾草调味；巴尔贝斯3号则融合了木槿、石榴及盖朗德盐之花；拉夏贝尔啤酒（La Chapelle）以小豆蔻、生姜及肉桂风味的印度黑茶酿制而成……

与葡萄酒的融合

滴金啤酒厂的所有啤酒均可在酒厂直接购买，规格为500毫升瓶装；街区酒吧、杂货店，以及巴黎若干家别具慧眼的酒水店中都有售。滴金啤酒厂面积有限，产量亦有限，蒂埃里·罗什已无法满足市场需求，酒厂最受欢迎的啤酒常常断货。部分酒款装于桶中，供街区咖啡馆售卖。

蒂埃里·罗什还会参加蒙马特葡萄丰收节，这表明他已融入了社区生活！一年一度的丰收节提醒着人们"滴金"这个名字的起源：从前，这条街上有一处葡萄园，名叫滴金。那里出产的白葡萄酒口碑载道，被誉为"葡萄酒之王"（Roi des Vins）。滴金葡萄园每年会向法兰西国王进贡四桶白葡萄酒。所以说，在蒙马特山脚下，啤酒与葡萄酒是能融洽共处的！

→ 蒂埃里·罗什。

#09 宁卡西啤酒厂（BRASSE-RIE NINKASI）

达维德·于贝尔与克里斯托夫·法尔吉耶
（**David Hubert & Christophe Fargier**）
法国塔拉尔市爱德华埃里奥路 1 号
1 rue Édouard Herriot, 69170 Tarare

Bock'N Roll[1]

宁卡西团队首先在里昂创建了酒厂，后来迁至塔拉尔。自 1997 年开始，他们就将啤酒、摇滚乐与在美国极受欢迎的汉堡结合在了一起。宁卡西啤酒厂的成功，不仅因为团队激情四射，富有创造力，也要归功于每一层级的细致管理。

1997 年，在里昂热尔浪体育馆对面，达维德·于贝尔与克里斯托夫·法尔吉耶带领团队创建了啤酒厂，让高卢都城沉寂了几十年的啤酒业重焕生机。谁还记得（里昂高卢大麦啤酒俱乐部的爱好者们除外，毕竟他们一直致力于重现旧时的啤酒盛况）在 20 世纪初以前，里昂城里曾有许多受欢迎的啤酒厂？

不过，宁卡西团队并未沉湎于旧时光中，而是果断为酒厂赋予了现代气息。最初酒厂面积为 1500 平方米，后扩张至 2550 平方米。除了酿酒场地外，还配备了一间大型酒吧、两家餐厅以及两个音乐厅。音乐厅的装修材料为金属及混凝土，里面上演的自然是摇滚乐，也有各类闹哄哄的音乐表演。宁卡西啤酒厂的部分酒款，比如 IPA，确实受到了美国啤酒的影响。

20 世纪 90 年代，克里斯托夫·法尔吉耶发现美国的精酿啤酒业正蒸蒸日上，便开始从中取经。不过，他们的常规酒款也涉猎了其他风格，包括小麦啤酒、比利时三料啤酒、真正的果啤，以及令人联想起苏格兰的冬季红啤。口感柔和的黑啤当然也少不了，毕竟这曾是里昂城的荣耀。还有一些季节款，以及纪念特别节日的特殊款，比如"13"。这是一款烈性棕啤，我在自家酒窖中藏了一瓶，日渐醇香。酿酒大师达维德·于贝尔同时采用上发酵法及下发酵法，酿造出馥郁芳香的优质啤酒。宁卡西团队的创新不仅仅体现在酒厂的配置上（集啤酒厂、餐厅及音乐厅于一体），也早早地体现在业务的扩张模式上。宁卡西同名餐厅以热尔浪体育馆为起始点，遍布里昂与维勒班。2014 年，他们甚至将餐厅开到了阿尔卑斯山区的美尼尔。除了宁卡西啤酒厂的啤酒，餐厅也供应有机轻食及各类酒饮，此外还提供空间租赁服务。

飞往塔拉尔

宁卡西啤酒贩售于里昂的各类商场（包括小超

宁卡西 13
酒体丝滑，香气浓郁。

1　bock 有啤酒的意思，这里的 bock'n roll 与 rock'n roll（摇滚）是谐音。

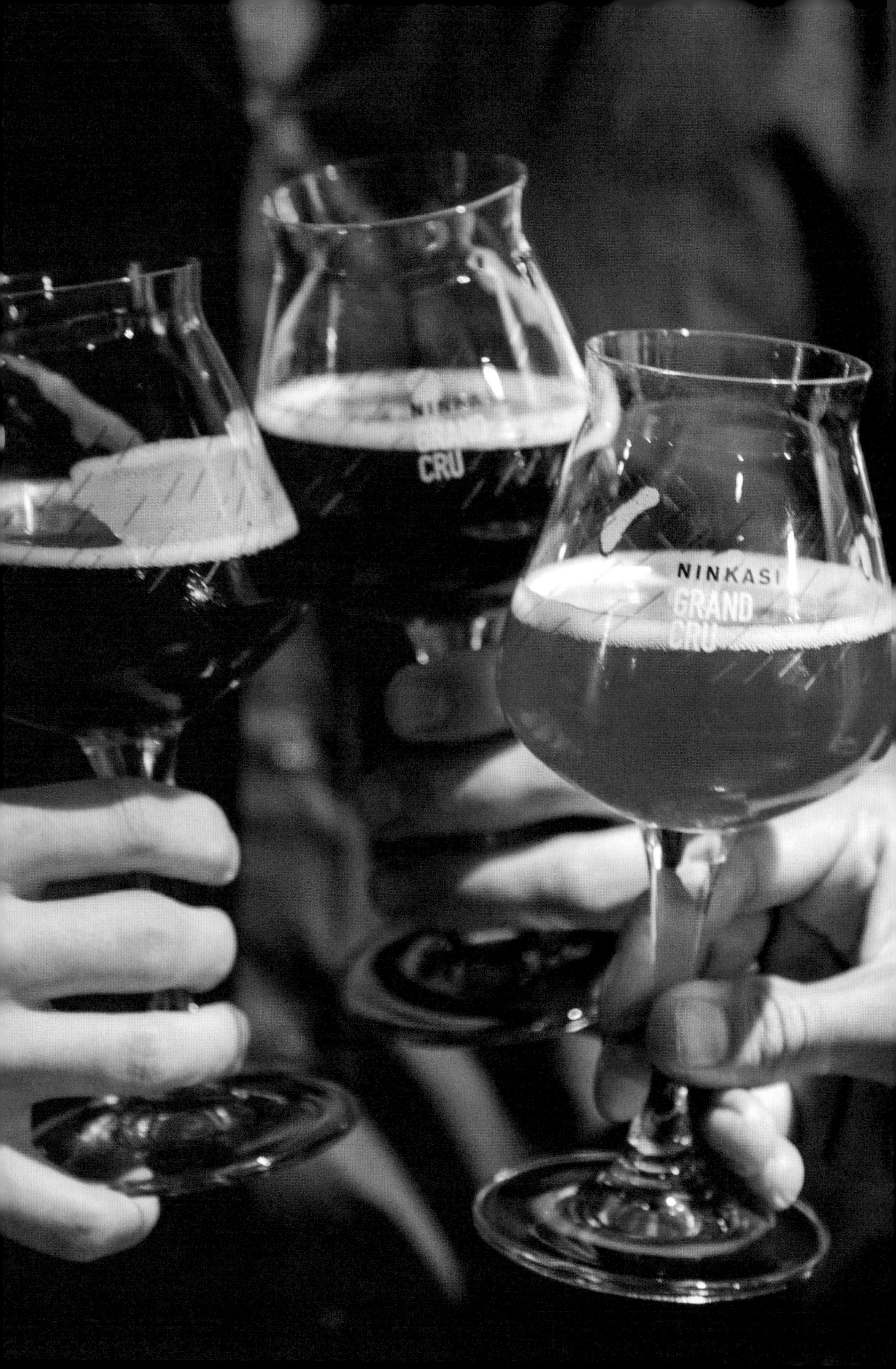
CRU
NINKASI
GRAND
CRU

市及大型超市），规格有瓶装（包括 750 毫升）及 5 升迷你桶装。在热尔浪体育馆对面经营了 13 年后，宁卡西啤酒厂的空间已严重不足。于是，他们决定搬迁酒厂，同时将热尔浪的酒厂旧址改造为餐厅，命名为"希罗"（Silo），主要供应以啤酒烹制的佳肴及啤酒衍生美食。

为酒厂选择新址时，宁卡西团队再次展现了创造力。在距离里昂 45 千米的塔拉尔，他们选定了一处原为染坊的建筑。这座不大不小的城市的工业有着光辉历史，然而，以纺织业为基础的传统生产活动正在走下坡路，甚至渐渐消失。这也是为什么宁卡西团队受到了当地政府的热烈欢迎。第一次到访这处曾是染坊的酒厂时，我着实大吃一惊：这栋建筑又长又高，是名副其实的光之"教堂"。阳光从高大的玻璃窗户洒下，铺满了三层楼。酒厂一侧是城市，另一侧森林环绕。夜幕降临，宁卡西团队精心布置的灯盏亮起，令酒窖熠熠生辉。

虽然里昂的酿酒历史十分辉煌，但宁卡西团队选择将酒厂置于现代文明之中。

迁居至塔拉尔后，宁卡西啤酒厂年产量达 180 万升，团队斗志昂扬，描绘出了宏伟蓝图。不过，他们不仅会酿造啤酒。除了酒吧、餐厅及建设中的露天平台外，塔拉尔的酒厂中还有一处建于 2015 年的蒸馏酒厂，配备有一个 2500 升的夏朗德式蒸馏器，购于干邑地区附近的制造厂。2016 年初，宁卡西推出了一款以啤酒花调味的伏特加。他们还使用盛装过当地红酒（孔得里约产区及普伊-富赛产区）的木桶陈酿威士忌，但要等到 2022 年才能品鉴。酒窖大师估计，这款威士忌至少需陈化 7 年才能孕育出美妙滋味。看得出来，宁卡西团队总是将酒饮品质放在第一位。说到宁卡西，怎能不提他们那风靡里昂、令麦当劳相形见绌的汉堡？还有那以卡斯卡特啤酒花调味的利莫普柠檬汽水（Limop）。就连餐厅中的餐前面包，都值得食客再三回头。

更重要的是，宁卡西团队的管理方式十分新颖，与众不同。以"欢乐友好"为关键词，公司致力于为员工营造出这样的工作氛围。宁卡西团队如今已有 300 余名员工，培训机制健全，每名员工平均每年接受 6 天培训。2010 年，员工还签署了分红协议。在公司内部的研讨会上，大家会一起讨论并制定公司的发展策略。虽然克里斯托夫·法尔吉耶曾表示，没有将业务扩张至全法国的野心，但是，他们已着手准备在波兰建立分公司，同时打算将意大利北部发展为重要的分销市场。显然，宁卡西啤酒厂总能出乎我们的意料。

#10 | 天堂啤酒厂（BRASSERIE LE PARADIS）

玛乔丽·雅各比（**Marjorie Jacobi**）
法国布兰维尔叙洛市棉纺厂路 1 号
1 rue de la Filature, 54630 Blainville-sur-l'eau

人人都会去天堂

天堂啤酒厂是法国最小的啤酒厂之一，酒厂主名叫玛乔丽·雅各比，虽然身材娇小，但能量无限。玛乔丽的家乡是南锡附近的布兰维尔叙洛，酒厂就开在家中。她喜欢称自己为"乱酿师"，尤其擅长创造前所未见的啤酒款式。

在布兰维尔叙洛，玛乔丽的房子面朝默尔特河，其貌不扬，但门与百叶窗均涂成了紫色，怎能叫人不注意到它？紫色是玛乔丽最喜欢的颜色，酒厂里处处可见，就连她的毛衣、鞋子和珠宝也都是紫色的。她喜欢紫色是有原因的。"以前我在博若莱采摘葡萄，发现新鲜榨出的葡萄汁被称作'天堂'，会呈现出非常美丽的紫色。"也是在那个时候，玛乔丽对神秘的发酵过程产生了兴趣。

玛乔丽虽然是洛林人，但并未想过从事啤酒酿造工作。她在计算机行业工作了很长时间，后来又成了青少年艺术培训老师。她指导的学生画作装饰了当地好几所学校的墙壁。15 年前，玛乔丽去了一趟布列塔尼，无意间发现了一款精酿啤酒——兰斯洛特啤酒厂的"安妮公爵夫人"，令她惊艳不已。在那之前她只喝过工业啤酒。当时，玛乔丽已经能熟练运用互联网，她发现在家也能酿造啤酒，于是便在业余时间做

了第一次尝试。她第二次酿造的啤酒就在圣尼古拉德波尔的全法啤酒大赛上获得了名次。圣尼古拉德波尔距离布兰维尔叙洛只有几千米，这仿佛就是天意。2009 年夏天，玛乔丽正式成为一名职业酿酒师。

家庭观念

玛乔丽把归于自己名下不久的家中房产改造成啤酒厂，一间屋子用作酿酒室，另一间用作储藏室，还有一间用作酒吧，很快便声名鹊起。不少啤酒爱好者慕名而来，和玛乔丽成为朋友。玛乔丽交友广泛，结识了许多能互相依靠的密友。在朋友的帮助下，房子才得以改造成功（最困难的部分在于铺设混凝土地面）。而且改造厂房也是与朋友欢庆相聚的好机会。

虽然玛乔丽的酿酒桶与煮沸锅（容量 300 升）都是二手的，但发酵罐是全新的，配有控温设备，以实现下发酵，并带有手动装瓶系统。筹备整整一年后，2009 年，玛乔丽酿出了成为职业酿酒师后的第一批啤酒。

玛乔丽利用从互联网上获取的信息学习酿酒，并与其他精酿师进行交流，自学成才。她喜欢的啤酒风格鲜明，往往含有大量啤酒花，但也不止于此……她推出一款香柠檬糖口味的

西尔维修啤酒
法国最早的 IPA 之一。

啤酒，这种糖果是南锡的特产。其他作品包括：米荷贝尔（Mi-Rebelle）啤酒，以赞颂当地的另一特产黄香李（mirabelle）；西尔维修啤酒（Sylvie'Cious），一款英式 IPA，酒精度不高；"白色眼泪"啤酒（Larme Blanche），既不像巴伐利亚白啤，也不像比利时白啤；以及棕色阿尔方斯啤酒（Alphonse Brown），一款带有巧克力及咖啡香气的棕色 IPA；等等。

玛乔丽·雅各比不断推陈出新，最早的一批啤酒大多以她阿姨的名字命名：堇菜口味的啤酒名为"弗朗索瓦丝-若尔热特"，香柠檬糖啤酒是"勒妮-莱奥尼德"，以粉色浆果与英式啤酒花酿造而成的叫作"妮科尔-夏洛特"，带有焙烤香气的是"科琳娜-露易丝"，葡萄柚及橘子口味的下发酵啤酒名为"韦罗妮克-吕西安娜"……据玛乔丽称，每一款啤酒都与对应的阿姨有着联系。啤酒的某一元素，比如颜色、口味，或者香气，对于与之相应的阿姨都有特殊意义。

锐意进取

不过，玛乔丽的大部分啤酒只属于过去，因为她一直没有停下前进的脚步。天堂啤酒厂产量不高（2016 年预计达到 3 万升），储藏空间也非常有限，难以储存过往的作品。但这不重要，毕竟她乐于不断创新，比如她曾推出过一款含有中国台湾胡椒的啤酒，散发着柠檬草与佛手柑的美妙香气；再比如 2016 年初推出的另一款啤酒，以特趣巧克力及杰克丹尼威士忌酿造，味道非常好……

> 玛乔丽利用从互联网上获取的信息学习酿酒，并与其他精酿师进行交流，自学成才。

玛乔丽人脉甚广，口碑出众，从不缺客户。我认识的许多酒水店老板都希望能"升入天堂"，但"天堂"之门有些狭窄，难以进入的人有不少！

毫无疑问，酒厂需要扩张，需要配备更大的酿酒槽以及名副其实的贮酒酒窖。每次见到玛乔丽，我们都会谈起这个话题，但我不认为这些计划能很快实现。除了酿酒，玛乔丽也喜欢与其他酿酒师碰面交流，参加国内外的啤酒沙龙，品尝最新的精酿啤酒。她最近又对酸啤产生了兴趣，这是目前精酿圈中最时兴的酒款。我相信，玛乔丽已经为我们准备好了一款酸啤！

← 玛乔丽·雅各比。

品鉴

了解啤酒的原料与酿造方法
后，让我们再来聊一聊啤酒最重
要的元素——味道，或者应该说
"味道们"。因为啤酒的味道多种
多样，丰富程度超乎大多数人的
想象。

DÉGUS-
TATION

好好喝啤酒

相较于其他饮料（尤其是葡萄酒），啤酒更加脆弱，品鉴时须遵循几条简单规则才能体会到啤酒的真正价值。

玻璃杯

最好使用酒厂推荐的玻璃杯，它们往往与啤酒更为适配。通常而言，饮用下发酵啤酒时，应使用高而窄的玻璃杯，这种杯型能更好地维持下发酵啤酒特有的细腻口感。适合盛装上发酵啤酒的是宽口圆杯，比如圣餐杯，这种杯形能让香气更好地扩散。若要进行更专业的品鉴，使用法国国家原产地命名和质量监督委员会（Institut National de l'Origine et de la Qualité，INAO）认可的杯形，绝对不会出错。

清洁

品鉴前需要洗净玻璃杯，去除油渍，以免影响啤酒起泡。不要使用干燥的玻璃杯。应以清水冲洗杯子，但不要擦拭。这么做能让泡沫以自然速度形成，避免二氧化碳"附着于"灰尘残留物上，释放过快。

温度

优秀的酿酒厂会在啤酒瓶上标出合适的饮用温度，根据该温度饮用即可，这样能够避免喝下过凉或过温的啤酒。如果酒瓶上没有标示饮用温度，那么普遍适用的规则是：啤酒的酒精度是百分之多少，最佳饮用温度就是多少摄氏度。但也有例外，英式艾尔的酒精度并不高（4%～5%），可最佳饮用温度却是 8 摄氏度至 10 摄氏度。

泡沫

大部分啤酒都需要泡沫的保护，以免过早氧化。有的啤酒泡沫较多，有的啤酒泡沫较少。

← 品鉴前需要清洁玻璃杯。

倒酒时，应根据起泡量的不同，将玻璃杯倾斜至相应角度。

保存

啤酒忌光照，受到光线照射会迅速变质；啤酒也不耐高温，一旦暴露在过高温度下，品质便再难恢复如初。因此，在饮用啤酒前应将啤酒储存于无光的通风之处。大部分啤酒在购买后都应尽快饮用，因为它们的细腻香气难以维持较长时间。无论是工业啤酒（经过巴氏消毒）还是精酿啤酒，保质期都不长。经过干投酒花处理的啤酒保质期不过三到四个月，这种处理方法所带来的香气消散得尤为迅速。

但也有部分酒款经得起时间的考验，甚至在装瓶后还能继续陈化。首先就是未经过滤、保留了酒渣的啤酒。陈化时，这类啤酒的香型会发生微妙变化，口感变得更加丰富。不过，最好时不时地品尝一下陈化中的啤酒，确保一切妥当。还有一些酒款，酿酒师在装瓶时会加入一点酵母，引发新一轮的发酵，让啤酒拥有更丰富的香气。陈化过程会持续好几年，奥威修道院啤酒（Trappiste Orval）就是一个例子。随着时间的流逝，这款啤酒会变得更加干爽饱满。我品尝过一次 20 年的康迪隆贵兹啤酒，酒体散发着清新的草本香气，让我大开眼界！了解到啤酒的原料与酿造方法后，让我们再来聊一聊啤酒最重要的元素——味道，或者应该说"味道们"。因为一款啤酒的味道是多种多样的，丰富程度超乎大多数人的想象。要知道，啤酒远不仅仅是一种用来解渴的金黄色泡沫饮料。

若要进行更专业的品鉴，使用法国国家原产地命名和质量监督委员会认可的杯形，绝对不会出错。

品鉴

虽然啤酒具有独特的香气与颜色，比如苦味与低透明度的黑色，但从原则上来说，啤酒的品鉴与葡萄酒、烈酒或其他酒饮的品鉴并没有什么不同。

品鉴者须充分调用感官，尤其是视觉，而后是嗅觉与味觉，才能细致品味啤酒所传达的信息。

听觉与触觉在品鉴中的用处不大。然而几年前，我认识的一位啤酒品鉴大师让我首次了解到听觉也能发挥作用。他告诉我，要用心聆听啤酒的冒泡声："这首美妙的乐曲让我更有品尝啤酒的欲望了。"但我一直认为，这种声音虽然好听，可我无法从中获得面前这杯酒饮的任何信息。

此外，手拿酒杯或酒瓶时，确实能用手测量酒体温度。但其实，待酒液进入口腔后，反而能更精确地感知这一重要参数。因此，没有必要过多纠结于听觉与触觉。

看

品鉴开始后，应抑制冲动，切勿马上拿起杯子嗅闻香气，更不要匆忙喝下第一口。品鉴师不是酒鬼，须花时间观察酒液，这么做能在短时间内获取大量有意思的信息。当然，品鉴师是"盲品"的，也就是说，他对于杯中啤酒一无所知，也没有见过啤酒瓶。那么，品鉴师能获取的信息有哪些呢？

外观

若酒液清澈，甚至透亮，那就说明这款啤酒在装瓶或装桶前经过了过滤，或许来自配备过滤系统的大型啤酒厂。相反，若酒液暗淡浑浊，那就是未经过滤。

若杯底有沉淀物形成，说明这款啤酒在装瓶后经过再次发酵，绝对饱含香气。

泡沫丰富也许表明啤酒新鲜，但主要是因为酒液中溶解的二氧化碳浓度高。二氧化碳气体甚至可能会化作气泡，浮至酒液表面。然而，

若杯底有沉淀物形成，说明这款啤酒在装瓶后经过再次发酵，绝对饱含香气。

泡沫少的啤酒不一定是不新鲜的。当然，对于下发酵啤酒来说，这么推测确实没错。泡沫少的下发酵啤酒是公认变质了的。但就多数上发酵啤酒而言，比如英式艾尔，这种观点并无道理。上发酵啤酒熟成时，二氧化碳便已逐渐排出，而这对成品质量没有任何影响。在《高卢英雄历险记：阿斯特克斯在不列颠》（*Astérix chez les Bretons*）一书中，作者戈西尼（Goscinny）拿小酒馆中温热的高卢大麦啤酒取笑了一番，但他忘了提及这种啤酒其实香气丰富，非常好喝！

若玻璃杯上蒙了一层水汽，就说明啤酒冰凉，或许非常解渴，但不适合品鉴。啤酒温度过低，香气与香味会被封锁，潜在的瑕疵也会被掩盖。我认为，啤酒的饮用温度不应低于5摄氏度，可惜饮用冰啤酒的现象越来越普遍了。

工业酒厂乐于促使咖啡馆配备制冷啤酒柱（覆有水汽的就是制冷啤酒柱），如此一来，消费者便无从发现这些啤酒几乎没有任何滋味！说到冰凉的啤酒，我最糟糕的体验发生在斯特拉斯堡的欧洲啤酒沙龙。那是20世纪90年代初，米凯罗（Michelob）啤酒在美国正当红，但在法国市场尚不为人所知。酒保打开冰柜，拿出了一个结满冰霜的玻璃杯！杯中倒满酒后，我尝了一口，嘴唇立刻冻住了，仿佛吞下了一颗冰激凌球！不用说你也知道了，我根本难以辨别这杯米凯罗是好还是坏……

颜色

啤酒颜色多种多样，从淡黄色到纯黑色，往往难以定性。金黄色与浅琥珀如何界定？极深的棕色与纯黑色又如何区分？给颜色下定义并不容易。因此我认为，在啤酒比赛中，依据颜色为酒款分级打分是不合适的，甚至是不切实际的。

两款同样是金黄色的啤酒，口味与酿造方式可能有着天壤之别。

实际上，啤酒颜色往往会误导人们对酒液本身的判断。颜色与酒精度其实毫无关系。淡黄色的督威啤酒酒精度8.5%，而健力士黑啤的酒精度只有4.2%。当然，也有酒精度高于9%的帝国世涛（见第161页），以及酒精度低于4%的金啤，更不用说那些不含酒精的啤酒了。此外，白啤从来就不是白色的，大多是黄色的，而德国白啤甚至是琥珀色或棕色的。

我们在制麦一节（见第47页）中说过，麦芽的干燥程度与干燥时长决定了麦芽颜色及最终的酒液颜色，酿酒过程中无须添加着色剂。但如今的果啤是个例外。果啤的营销让消费者相信，这类啤酒品质上乘。然而，为了让酒液外观更诱人，酒厂往往不得不使用着色剂。如果使用天然水果酿造（很罕见），需要极大的量才能获得想要的颜色。将水果与谷物麦芽混合，常常只能酿出不太吸引人的棕褐色。总之，你已经明白了，果啤品质更多取决于"天然"香精及着色剂，而非酿酒师的辛勤劳动。

虽说如此，也不要太悲观，我敢肯定地说，还有许多赏心悦目的啤酒。随着光线变化，琥珀啤酒会在黄铜色与浅黄褐色间变换；德国北部真正的皮尔森啤酒色泽金黄，闪闪发光，同样值得好好欣赏一番。

闻

喝下第一口啤酒前，品鉴者应花些时间嗅闻味道。相较于其他酒饮，嗅闻啤酒有一个较大的阻碍，那就是泡沫。啤酒的泡沫非常必要，它能防止酒饮过早氧化。但同时，泡沫也封锁了啤酒的大部分香气，使之无法扩散。

如果闻到了一丝香气，这是好的征兆，说明这款啤酒入口后，会散发出更加丰富的香气。

花些时间，细细分析闻到的香气，便能辨别花香与果香、焦糖香与烘烤香间的细微差别，还能闻出酵母的气味。酵母具有明显的植物香气，只要具备一些嗅闻经验，就能很容易地辨别出来。

嗅闻是品鉴中的重要一环。大多数人认为，嗅闻能力是一种天赋，但其实并非如此。这其实是一种记忆能力，能够记住曾经闻过的气味。我们的嗅觉记忆就和计算机一样，不会忘记任何元素。品鉴师真正的厉害之处在于能够记住闻过的各类香气，那么当再次遇见某种气味时，便能回忆起来。品味啤酒入口后的味道时也是一样的道理。与品鉴葡萄酒或烈酒一样，品鉴啤酒时也可以转动酒杯，令泡沫下的香气更好地释放。我们可能会闻到所谓的二类香气[1]。作为补充，二类香气能令天然形成的一类香气更为饱满。当然，没有泡沫的啤酒嗅闻起来会更容易一些，至于为什么，你已经明白了。

品

完成了一系列的准备工作后，终于要进入品鉴的重头戏，品。然而，"品"很短暂，往往仅有十几秒；即使是最一丝不苟的品鉴师，或

---

[1] 一类香气指酒液原料本身的香气，比如花香、果香；二类香气指发酵带来的香气；三类香气指陈年带来的香气。

↑从昏暗的黑色到诱人的金色，啤酒的颜色差异细腻而微妙。

鼻嗅的香气，舌品的香味，两者是类似的，都有着丰富无穷的香型。

在品鉴最复杂的啤酒时，品的过程也不过一两分钟。

啤酒入口后，会带来不同的感官刺激：闻香气（后鼻道）、尝香味（舌头）、感受质感（口腔）。不要忘了吐出或吞下这口酒液后，多种感受还会共同持续一段时间。品鉴啤酒有许多重要参数，但这些参数并不能取代口腔与啤酒相遇的瞬间，那种感觉简直妙不可言。那么，品鉴啤酒都有哪些参数？

鼻嗅的香气，舌品的香味，两者是类似的，都有着丰富无穷的香型。1992 年，味觉研究所（Institut du goût）创始人雅克·皮塞（Jacques Puisais）首次对 42 个啤酒品牌进行了感官分析，恪守中立地识别出了 40 种味道，即使有的味道仅有一丝一缕，有的味道仅出现在单一啤酒样本中。

杏、甘草糖、菠萝、粗红糖、碘、面包屑、焦糖味洋葱、蒲公英……味觉研究所这份史无前例的报告让人们发现，啤酒香型竟如此丰富。对于金啤而言，最突出的香味是干木、焦糖、番茄酱、酵母、啤酒花、麦芽、蜂蜜、矿物、甘草、玫瑰、麦芽糖、堇菜与其他植物；而棕啤最突出的香味是胶木、焦味（主要是烤焦的面包与面包皮）、咖啡（拿铁或深烘咖啡）、无花果酱、焦糖洋葱、熟透的橙子、香料蛋糕[1]、罗克福奶酪及麦芽糖。

除了专业的品鉴词汇外，这份分析报告将啤酒口味化繁为简（如果还有什么复杂之处的

---

[1] 一种法式蛋糕，主要原料包括黑麦粉、蜂蜜及香料。

话），呈现在啤酒业余爱好者面前。这份报告证明了啤酒和葡萄酒一样，具有多种香型，值得探究。但如果要一一审阅报告的用词，就会让人感到很枯燥。在精酿酒厂与工业酒厂的不断创新下，啤酒的香型列表越来越长、越来越丰富。尽管如此，部分香型仍值得深究，因为它们是啤酒所特有的，或具有特殊含义。

麦芽香

麦芽是啤酒的主要原料，自然也是啤酒味道的主要来源。麦芽味道从清甜、干爽，到辛辣与咖啡香，丰富多样。麦芽原产地、品种及焙烤程度不同，酿出的啤酒味道也各不相同。而且，酿酒师还会混用多种麦芽，以便酿出想要的风味。在所有味道中，麦芽香——无论清淡还是浓郁——都极好辨认；无论是无酒精啤酒，还是焦糖香气浓郁的棕色啤酒，我们都能在万千种香味中品出麦芽香气。

苦味

苦味是人类味觉能分辨的四大基础味道之一，另外三种是甜味、咸味、酸味。苦味也是最不常见的味道，三个人中就有两个人对苦味有所误解，且大多数人并不喜欢它。啤酒中的苦味由啤酒花赋予。啤酒种类不同，苦度也有所不同，但苦味却是必不可少的。苦度可用于为啤酒分类，啤酒圈中有一套苦度等级标准，即 IBU（International Bitterness Unit，国际苦度）。苦度为 10 至 15 的啤酒是淡而无味的，苦度高于 50 的啤酒，其味道将由苦味占据。当然，

苦度与啤酒花的用量有直接关系。只可惜，这不是必须标注在酒瓶上的参数。如今酒标上的信息越来花哨，尤其是那个"一个圆圈，一条斜杠，圆圈中画了一个孕妇"的可笑标志。既然除了无酒精啤酒外，所有啤酒都必须带有这个标志，那它还有什么意义呢？苦度比这些信息有用多了。

果香

与麦芽的甜香及啤酒花的苦香不同，果香形成于品鉴之时，囊括了具有微妙差别的各类植物香气。果香或细腻，或浓郁，会让人联想起苹果、葡萄、香蕉等水果。上发酵啤酒尤能散发出果香。然而，对于皮尔森啤酒而言，果香过于突出是一个缺点。漫长的贮酒期能令果香更为浓郁，当然原材料也必须足够丰富。果香是一种终极感官组合，若想为啤酒赋予这种香气，须混合多种麦芽及啤酒花，并历经若干次糖化。果香是将啤酒的基本原料进行巧妙配制后得到的香气，与所谓的果啤毫无关系。果啤要么是由天然水果酿造而成，要么是（尤其是）天然香料或合成香料的产物。

甜味

虽然在发酵过程中糖分几乎被完全去除，但大多数啤酒仍带有甜味。这个现象显然是矛盾的。其实，这是麦芽、啤酒花及酵母多重组合后的结果。甜味本身不是缺点，但不应过于突出，否则会令口腔发黏，盖过苦味及啤酒的其他核心味道。无酒精啤酒的甜味大多比较明显。

酸味

适度的酸味能令啤酒的味觉体验更为饱满，因此，有必要细致地聊一聊这种味道。酸味在贵兹啤酒以及如今的酸啤中尤为明显。与所有元素一样，酸味也讲究适度：太过浓郁的酸味会大肆进攻口腔，令啤酒不再宜人，甚至表明糖化或贮酒阶段出了差错；酸味过淡或没有酸味，则啤酒全由苦味及甜味占领，口感失衡。窖藏啤酒与上发酵啤酒仅需最低限度的酸味即可，而对于皮尔森啤酒及一切解渴的啤酒而言，酸味是必不可少的。小麦啤酒往往具有突出的酸味，是炎炎夏日的解渴佳品，同时也能令人胃口大开。

法国人饮用小麦啤酒时，总会加入一片柠檬。这种做法既烦人又无用，因为小麦啤酒天然便具有酸味。

质感

对我来说，啤酒入口后的质感与啤酒香气同样重要，这也是啤酒的一大特征。酒液或润滑，或具有金属质感，或平平无奇，或丰富多变。品鉴之时，以下参数是关键：酒液的密度、气泡的大小与丰富程度、香料的细腻程度与刺鼻程度，以及酒液包裹味蕾的方式。种种感觉都会因其幅度的不同而有所变化。

确实，这些参数难以用科学标准衡量（至少在我的认知中是这样的），但仍是区分啤酒的绝佳标准，会给品鉴师留下深刻印象。

品鉴时，有一种预料之外的感觉或许会令品鉴新手十分狼狈，那就是"涩感"。它会让我们感到口腔上壁，甚至口腔整体在收缩。若涩感过于明显，则会令人不适。但是，我们不应驱除涩感，而应任其发展。只因在涩感之后，此前出现过的味道会重新组合，为我们带来新的体验。

← 麦芽品种与焙烤程度不同，酿出的啤酒味道也大不相同。

余味越突出、越持久，
则啤酒越美妙、越优质。

尾调

尾调是品鉴的高潮，它融合了我们在此前一系列步骤中体验到的各类感觉，浓缩了啤酒印象之精华。通过尾调，品鉴者才能尽可能精确地定义啤酒，而不是泛泛地说一句"不错"。在我组织的品鉴会上，这么点评的人太多了。尾调分为两部分，吐出、咽下酒液前，及吐出、咽下酒液后，后者也称余味。

余味越突出、越持久，则啤酒越美妙、越优质。我还记得在某次沙龙上喝过的一款美国啤酒，名叫"银子弹"（Coors Light）。喝下第一口后，我简直不敢相信我的味蕾感受：口中空空如也，仿佛喝了一口清水。我担心是自己分心了，遂又喝了第二口。依旧没有任何味道。为何酿酒师要大费周章地酿出一款如此没有记忆点的产品？直到今天，我仍不明白。

品鉴完成后，应将口中啤酒咽下，还是像品鉴葡萄酒及烈酒时那样吐出？有的品鉴师信誓旦旦地表示一定要咽下，如此才能充分感受每一种味道。我不这么认为。首先，酒液进入咽喉后，便不再接触任何感觉细胞，因为咽喉内没有感觉细胞。我们能感知的仅剩少数几种信息，比如温度，且这种情况也仅发生于酒液极冰时。其次，在专业的品鉴会上，品鉴师往往要尝试多款啤酒，最多可达 8 至 10 款。反正这已经是我的极限了。超过这个数字，我的味蕾就已完全饱和，分辨味道的能力大幅下降。最后，若每款啤酒都要喝下，那也是不小的酒精量，会破坏品鉴师的良好状态。

品味尾调时，我习惯让酒液在口腔中流动，直至喉口，以尽可能充分感受酒液。若有一丝怀疑，不要犹豫，喝下第二口，获取有用的补充信息。总而言之，在这个时候，我们应该已经能提出唯一重要的总结性问题：无论现在还是以后，我是否愿意再次饮用这款啤酒？

→ 无须加入香料，也能令啤酒具有细腻果香。

无论什么场合，总能找到合适的啤酒

最适合饮用啤酒的场合是什么？考虑到啤酒本身的特性，这个问题并不好回答。

因为啤酒的属性丰富多样，适用于各类场合。

啤酒款式形形色色，要说找不到适合某个场合的酒款，那是不太可能的。本章目的在于鼓励读者在从未想过可以选择啤酒的场合选择啤酒。

几十年来，下发酵金色啤酒一统天下，以至于对于大多数人而言，这就是可以选择的唯一一种啤酒。虽然这种无处不在的金色啤酒比较解渴——其实有不少啤酒比它更解渴——还能恰到好处地搭配部分传统菜肴（尤其是酸菜与贻贝），但无论怎么说，它确实阻碍了大多数人欣赏其他风格的各式啤酒。

近年来，精酿酒厂崛起，工业酒厂也在丰富产品线，可选的啤酒（包括风格与香型）大大增加。消费者终于能尝尝不同的啤酒了。

选择啤酒时，可以根据自己的习惯，持续选择某一特定风格或某一特定品牌的啤酒。在一次啤酒沙龙上，我碰见了一个世涛的狂热爱好者。世涛这种黑色啤酒，有的是甜甜的，有的则很苦。那位爱好者对世涛的了解之深着实令人惊讶，但他也只了解世涛。他甚至想不起来上一次喝皮尔森啤酒是什么时候的事情了。

当然，我们也可以跃入陌生领域，以好奇心作为选酒的唯一标准……哪怕这意味着会喝到寡淡无味或质量低劣的啤酒，这种情况比想象中还要常见。以上两种情况都较为极端，介于两者之间的做法是根据饮用场合选择啤酒。换句话说，就是不如思考一下，饮用啤酒是为了满足什么需求与欲望。

通常而言，选择啤酒时应考虑啤酒的主要特征，再想想与其相应的饮用场景是否适配。但不要忘记，一款啤酒不止有一个特征：解渴的啤酒也能拥有美妙果香，节庆啤酒也可以很解渴，助消化的啤酒也能让你胃口大开……

总而言之，就算为某个场合找到了合适的啤酒，但也要知道，这款啤酒或许还能适配其他场合。啤酒最吸引我的地方，大概就是它如变色龙一般的特质吧。

解渴啤酒

啤酒的首要功能自然是解渴，而且我认为，啤酒就是最解渴的饮料。诚然，是啤酒中的水完成了解渴这项任务（绝大部分啤酒的含水量为 90% 至 95%），但严格来说，水没有任何滋味。

我常常说，啤酒就是改良过的水。感谢——无须啬啬赞美之词——天才人类，利用谷物、酵母、啤酒花及其他香料创造出了神奇配方，令解渴这么简单的事情变得如此美妙。既然大部分啤酒都有解渴功能，那么我们为了解渴而选择的啤酒，或许还应具备一些更具体的特征。

酒精度低的苦味啤酒

啤酒中的苦味由啤酒花及其他苦味植物赋予。与甜味相反，苦味尤能解渴，而甜味却会让人更感口渴。不过，苦味也须适度，苦度至多 20 至 30。过于浓烈的苦味会在口腔中残留很长时间。

大多数皮尔森啤酒（下发酵啤酒）都带有苦味，极为解渴；而工业拉格不仅没有苦味，甚至往往含有残余糖分。因此，能解渴的工业拉格很是罕见。这也是为什么工业拉格酒厂坚决主张消费者饮用冰凉的啤酒（低于 4 摄氏度）。

是低温而非啤酒本身让你拥有了（短暂的）清爽解渴之感。

若想解渴，也可以选择英式苦啤。这种啤酒酒精度低，苦味直白纯粹。苦味稍淡的淡色艾尔也不错，不过它只是具有谷物香气，细腻略欠。

解渴的苦味啤酒酒精度不能太高，不应超过 5%，否则酒液在口腔中会变得呆板沉重。

酸味啤酒

啤酒若要解渴，酸味就不能过于突出。柑橘风味过于浓郁的啤酒，比如许多英式 IPA，不但不能安抚味蕾，缓解口渴，反而还刺激了味蕾。

选择酸味啤酒时，可以考虑小麦啤酒（即所谓的"白啤"），这种谷物带来的酸味能很好地解渴。然而，柑橘味的小麦啤酒（比利时小麦啤酒）会令口渴之感更加强烈，当然也有不是柑橘味的小麦啤酒（巴伐利亚小麦啤酒）。不要过于信任贵兹啤酒，它的酸味直接纯粹，很可能会让你觉得过酸……但这并不妨碍"贵兹"成为一种美味的酒饮。要当心以水果调香的酒款！诚然，覆盆子与接骨木都是酸酸的，理应能够解渴，但这种香型的啤酒往往带有甜味，而甜味与解渴毫无关系。

最后一点，也是矛盾的一点，我认为黑啤（世涛或波特）具有惊人的解渴能力，特别是在大热天。试一试吧，绝对清爽，相信你会喜欢的！

啤酒款式形形色色，要说找不到适合某个场合的酒款，那是不太可能的。

开胃啤酒

开胃啤酒至少应该能够解渴，但光能解渴还不够。这种啤酒的酒精度应该较低，相对较苦或较酸，不能有任何残留糖分。除此之外，它还应该能唤醒味蕾。然而，唤醒味蕾的元素来源多样，有时甚至令人出乎意料，难以定义。我记得有一款金色的丁香啤酒，由诺尔省弗拉敏纳酒厂的年轻酿造师酿造，这也是业内首款丁香啤酒之一。我在沙龙上品尝了它若干次，但这种前所未有（至少在法国）的香型仍旧令我沉醉。丁香啤酒的香气朴实无华而又不可或缺，着实惊艳了我的味蕾，打开了我的胃口，那种感觉实在美妙。

显然，啤酒开胃与否与酿酒师选用的啤酒花品种密切相关，只可惜法律并未强制酒商将这一信息置于酒标上，否则它能极大地帮助消费者做出选购决策。

啤酒花能促进胃酸分泌。在我看来，最开胃的啤酒花是那些既苦又香的品种，也就是所谓的"兼优型啤酒花"[1]，例如"卡斯卡特"（Cascade）、"挑战者"（Challenger）、"西姆科"（Simcoe）、"空知王牌"（Sorachi Ace）等。当然，一切仍取决于酿酒师的啤酒花用量。

香料，包括啤酒花（又是它！）以及在糖化过程中加入的香料，都扮演了有趣的角色，比如极受比利时酿酒师青睐的香菜与较为罕见的黑胡椒。我曾尝过一款黑胡椒与堇菜口味的啤

---

1 啤酒花主要分为三类：香型啤酒花（主要为啤酒增添香气）、苦型啤酒花（主要为啤酒增添苦味）以及苦香兼优型啤酒花。

酒，令人心动。这是一款实验性啤酒，由杜艾-瓦尼翁维尔农业职业技术学校的酒厂酿造。

最好避免选择麦芽味道占据上风的酒款，此类啤酒不但不能令味蕾苏醒，还会使之变得沉重。

假如酒瓶上并未标注啤酒开胃与否，那么该如何辨别呢？最常见的方法是查看酒精度，毕竟酒精度高的酒款麦芽含量也高。我丝毫不认为酒精度高于 8% 的啤酒能让我胃口大开。

最后，开胃啤酒应是干爽的，尤其是尾调。"比利时赛松"便是一个很好的例子。这种啤酒风格曾几近失传，多亏了北美酿酒师，比利时赛松才得以重返啤酒舞台。这种啤酒的酿造初衷是在炎炎夏日供农夫解渴，因此酒精度不高（至多 5%～6%），如此才能保有最初风格并满足解渴需求。

我在这里献丑模仿一句著名标语：开胃啤酒讲究"适度"[2]，无论是酒精度，还是各类酿造用料。

美味啤酒

当对啤酒的需求不再仅仅是解渴或开胃时，你就推开了啤酒新世界的大门——一个比过去的啤酒世界要广阔许多的新世界。在这个尚不为人所知，甚至遭人无视的美味世界中，果香占据了主要位置。注意，我说的果香是谷物、啤酒花及酵母混合所生成的产物，而非在酿造的某一时刻加入的水果或果味香精。

---

2 法国啤酒广告中大多会标明"饮酒须适度"。

最好避免选择麦芽味道占据上风的酒款，此类啤酒不但不能令味蕾苏醒，还会使之变得沉重。

↑享用大餐后，可以通过啜饮啤酒来帮助消化。

苹果是最常见的口味，且类型众多：酸酸的澳洲青苹果、砂糖黄油烤苹果、软烂香甜的熟苹果等。在风格全然不同的啤酒中品尝到苹果的味道，次数多得我已记不清了。在乔治·洛特内（Georges Lautner）执导的《亡命的老舅们》（Les Tontons Flingueurs）一片中，利诺·文图拉（Lino Ventura）与贝尔纳·布里埃（Bernard Blier）等人尝到了啤酒的"残酷味道"。与这著名的一幕不同的是，如今的啤酒中即使不含苹果，也能喝出苹果的味道！更确切地说，应该是啤酒无须含有苹果，就能带有苹果味道。

饮用啤酒时，还时常能品出其他黄色水果的香味，比如梨和李子，有时还能尝出榅桲之味。同样地，酿酒师也无须往啤酒中添加这些水果。不久前，某家大型酒厂的营销部门想了个主意，推出添加了梨汁的修道院啤酒（我隐去品牌名称，纯粹出于善意）。我喝了几次，从未尝到过梨的味道……反而有一股苹果味。这款梨汁啤酒只坚持了两季，后来就默默退出市场了。

蜂蜜和黄色水果颜色相近，也时常会出现在啤酒中。除了酿酒师添加的蜂蜜外，还有其他因素让啤酒具有了蜂蜜的香气。

饮用深棕色啤酒或黑啤时，往往能轻而易举（但并不常见）地尝到黑色水果的味道，比如黑加仑、蓝莓与黑莓。糖化时若使用焙炒过，甚至烘烤过的麦芽，或许就能赋予啤酒黑色水果的香气，成品确实可口。

继续聊一聊深色啤酒吧。深色啤酒散发的焦香叫人如何抵抗？"焦香"这个词是品鉴圈中的行话，指代一切烧焦的味道，比如烟草、焙烤的食物、巧克力、咖啡（冰咖啡及拿铁咖啡）、烤制的食物（尤其是面包）、焦糖等。饮用某些啤酒时，能即刻尝出焦香。如今的酿酒师开始探索以木桶陈化啤酒，只有如此，才能进一步酿出啤酒的焦香气息。

有的啤酒富含热带水果香气（菠萝、杧果、荔枝、香蕉等），这些果味大多来自酿酒所用的啤酒花。

啤酒中的部分香气直接来自谷物，比如面包、奶油蛋糕及饼干的味道。而植物香气并非直接源自谷物，香型也与果香全然不同，包括草本（鲜草与干草）、酵母及花香。我们或许能闻见丁香花、鸢尾花，甚至玫瑰花的香气，但这类香气往往转瞬即逝，只有第一次嗅闻时才能感觉到，也就是酒杯刚刚盛满的那一刻。饮用啤酒时，并不常能闻见花香，人们往往不会对能拥有此般罕见的体验抱有期待。

带有植物香气的啤酒大多为上发酵啤酒，而且（再多说一点，帮助你更好地选购啤酒）一般是琥珀色或棕色的。但也不要完全否决其他啤酒，部分金啤，甚至是色泽十分浅淡的酒款，也可能带有惊人的馥郁芳香。再说说德国黑色拉格，比如具有甜香巧克力味的卡力特黑啤（Kostritzer），它证明了下发酵啤酒也能出乎意料地美味可口。

这些美味啤酒可以——我本想写的是"应该"——单独享用，当然也可以配餐饮用，但应与"和啤酒相称"的餐食进行搭配。

节庆啤酒

佳节是分享的时刻，显然，啤酒具备佳节酒饮的一切特质。首先，啤酒包装规格多种多样，500 毫升或 750 毫升的瓶装啤酒就十分适合两三人共饮，而非独酌。当然也有例外，尤其在英国、德国及其邻近国家，共享 1 品脱（约568 毫升）啤酒或大杯的半升啤酒（在巴伐利亚节庆活动上则是 1 升啤酒）是极其没有礼貌的，甚至称得上对啤酒的亵渎！

再说说啤酒容器。在我的老家诺尔省，盛放啤酒的容器大多比较大，除了饭桌上使用的传统 1 升的酒瓶外，还有 1.5 升的马格南瓶。原则上来说，大于 1.5 升的啤酒瓶就比较罕见

了，但比利时的圣佛洋啤酒厂（Brasserie St-Feuillien）是个例外！

圣佛洋啤酒厂位于瓦隆区，他们的一大特色是修道院啤酒的酒瓶规格，包括 3 升的耶罗波安瓶、6 升的玛土撒拉瓶，甚至还有 9 升的亚述王瓶！酒瓶如此巨大，倒酒时，最好两人一同握着酒瓶。也就是说，自打开瓶盖的那一刻起，饮酒者就已经在分享（担）了。

不过说到啤酒的最大特色，还是非扎啤莫属。在过去很长一段时间里，人们只能在咖啡馆中喝到扎啤。而如今，20 升或 30 升的桶装扎啤在许多地方都有售，功能完备的便携式打酒器也随处可见，尤其在精酿酒厂。这类酒厂大多提供免费租赁服务，我们只需购买酒桶即可。无论是家庭聚会还是同事朋友聚餐，便携式打酒器都是一个不错的选择，绝对能炒热气氛。尤其当新手试图打出酒液，将酒杯填满时，场面肯定相当有趣，甚至能引起哄堂大笑。

最近，越来越多的品牌推出了 5 升迷你桶装啤酒，酒款风格多样。放入冰箱冷藏一段时间后，拿出直接饮用即可，但须在两天内喝完，不然酒液会变质。市面上还有许多内置气瓶的啤酒机，能低温保存酒液，让人们在家中也能像在酒馆一样，喝到新鲜打出的扎啤。比起一人一瓶酒，大家更喜欢共享快乐时刻。啤酒机的快速发展证明此类需求是确实存在的。

这些能制造丰富泡沫的啤酒机比盒装红酒好多了。我个人认为，那些盒装红酒毫无喜庆的氛围，甚至带着一丝悲伤的气息。

那么在佳节时刻该选择什么样的啤酒呢？如今，大品牌垄断了节庆啤酒市场，但也有越来越多的精酿酒厂加入了竞争，试图满足这群挑剔的顾客。在节庆场合，啤酒口味不应太过独特，至少不能令他人受惊。但这也是一个不错的机会，让还不知道啤酒口味竟如此丰富的人们品尝一下除了金色拉格及白啤以外的啤酒。苦味十足的 IPA 有点过分，但可以试试啤酒花含量高的金啤，或果味／巧克力味浓郁的棕啤。

被身旁亲友不断怂恿尝试新的酒款，这个时候若还能坚持不把陌生酒饮吞进肚子可不容易。

正如生意场上的一句老话：尝试就是接受！

助消化啤酒（餐后啤酒）

享用过丰盛大餐后，饮用啤酒能帮助消化，这我可不敢保证。我这里说的"助消化啤酒"指的是适合在餐后时刻饮用的啤酒。而且，法国人所说的助消化酒，比如透亮的水果白兰地或桶装陈年白兰地，并不具有助消化功能。这一点还是要承认的。据我个人经验，只有杜松子酒能实现这一效果。

不过，部分香气馥郁的啤酒确实能和白兰地一样，给人带来强烈的满足感。这类啤酒的酒精度至少为8%，高于啤酒的平均水平，但仍只是其他类型的餐后酒的六分之一至五分之一，

后者的酒精度至少为40%，有的甚至高达50%。

餐后啤酒当然不能一饮而尽，应小口慢慢品尝，这样才能充分领略酒液香气。若与同道中人共同品评，分享感受，那是最好不过了。

大麦啤酒（Barley Wine，见第158页）是最古老、最有特色的餐后酒之一。在英国的冰天雪地中，以及在其他众多时刻，这款辛辣的冬季啤酒都能极好地抚慰饮酒者。

比利时拥有酿造烈性啤酒的传统。20世纪初，白兰地税率过高。于是，酿酒师转而酿制烈性啤酒，以满足杜松子酒及白兰地饮用者的需求。幸运的是，烈性啤酒的酿造技艺流传到了今天。三料啤酒就是杰出的烈性酒款之一，如今在全球各地均有酒厂模仿（但鲜能优于比利时的三料啤酒），果香突出，酒精度高。

修道院啤酒（再说一次，这些啤酒并不是修道士酿造的）的高端系列中，不少酒款都能在

↑香气馥郁的啤酒可以带来强烈的满足感。

餐后愉悦你的味蕾。特拉普派修道院啤酒（见第 167 页）的最烈酒款十分适合在餐后饮用，令饮用者得以享受幸福的麦香时刻。特拉普派修道院啤酒并不特指某一啤酒风格，各类特拉普派修道院啤酒间有着切实的不同之处。实际上，这个词指的是由特拉普派修道士酿造的啤酒，或是在特拉普派修道士监管下酿造于修道院中的啤酒。有说法称，这种啤酒的历史可追溯至很久以前。虽然我不相信，但我也乐于幻想，是那些立誓斋戒修行的隐修人士酿出了这种馥郁香浓的玉液琼浆。相较于比利时，烈性啤酒与餐后啤酒在德国较为罕见，但也有几款啤酒是例外，值得一提，比如令人惊叹的施纳德（Schneider）的冰馏博克（Aventinus Eisbock），酒精度高达 12%，具有突出的辛辣风味及巧克力香气。

冰馏博克啤酒的酿制方法十分简单，可轻松提高酒精度数：将酒液置于 0 摄氏度以下的环境中，酒中的水将首先结冰。将冰块去除后，便制得了酒精度更高、香气更浓郁的酒饮。近年来，这一古法在部分苏格兰及德国精酿酒厂间掀起了激烈的竞争狂潮，各酒厂争相追逐更高的酒精度数。然而，我喝到的冰馏博克风味大多不尽如人意，甚至糟透了。10% 至 14% 的啤酒已然芳香四溢，且十分有助于消化。私以为，酿造这种酒精度数的啤酒，根本无须动用冰馏工艺。

若想寻求酒精度较高的餐后啤酒，英式啤酒是个不错的选择。除了大麦啤酒外，英国人还酿出了强劲的帝国世涛，这是如今十分流行的一种精酿啤酒。帝国世涛起源于 19 世纪，其背后的两大帝国分别为大英帝国与俄罗斯帝国。虽然当时两者难以和睦共处，但他们起码在这款常年流通于波罗的海的黑啤上达成了共识。

近年来，不少酿酒师会选用盛装过葡萄酒或烈酒的酒桶陈化啤酒。对于餐后啤酒爱好者而言，这是一则好消息。陈化后的啤酒酒精度稍有提高，更重要的是，还将新添极其诱人的香气。此前，这一技艺不为人知，仅为少数佛兰德斯地区的酿酒师采用，但如今已成为一众精酿师的心头好。这确实是一条崭新的道路。开拓创新是极具风险的，但就前期的成果来看，未来十分光明。

我将以贝尔泽布斯啤酒（Belzébuth，如今已停产）来结束本章，以此为高卢雄鸡高"咯"一曲。这款琥珀啤酒来自一家北方啤酒厂——圣女贞德啤酒厂（Brasserie Jeanne d'Arc），酒精度 15%，具有利口酒的甜，还带有一丝波特酒的香，十分美妙。贝尔泽布斯啤酒的规格为 330 毫升瓶装，配有两个 125 毫升的小玻璃杯。如此看来，酒厂是建议双人同饮，但要适度。如今，贝尔泽布斯啤酒只有酒精度 8.5% 的，但特质未变。这款酒充分证明了啤酒也能成为非凡的餐后酒。

令人惊叹的施纳德的冰馏博克，酒精度高达 12%，具有突出的辛辣风味及巧克力香气。

→ 施纳德冰馏博克具有突出的巧克力香气。

选购

本章介绍的 40 款啤酒都是我的心头好，是我在平日品鉴中逐个选出来的。这是一份完全主观的"榜单"，不为排名，只为展现如今的啤酒世界是如此多元化。多款啤酒，任君选择。

SÉLEC-
TION

三钟经啤酒
（Angelus）

7%[1]

乐佩尔啤酒厂（Brasserie Lepers），诺尔省，阿尔芒蒂耶尔小教堂镇

这款美妙的小麦啤酒以香菜调味。虽带有酸味且香气馥郁，但幸运的是，这款啤酒并未取名为"白啤"。乐佩尔啤酒厂是家族酒厂，创立于 20 世纪初，于 20 世纪 80 年代推出了三钟经啤酒。这是精酿啤酒复兴的标志作品，不容错过。

阿诺斯特克赛松啤酒（Anosteké Saison）

6%

佛兰德斯啤酒厂（Brasserie du Pays Flamand），诺尔省，布拉林海姆

虽然赛松啤酒源起于瓦隆地区，但弗拉芒酿酒师依旧为我们打造了一款成功的赛松啤酒，兼具草木香与花香，带有恰到好处的苦味（这也是品牌的标志性特征），谷物香与美妙果香亦丝毫未被盖过。"阿诺斯特克"是弗拉芒语，意为"下次再见"。

阿伦三料啤酒
（Arend Tripel）

8%

德里克啤酒厂（Brasserie De Ryck），比利时，赫尔泽莱

这只雄鹰（"阿伦"在弗拉芒语中是雄鹰的意思）着实器宇不凡，入口先是干爽，随后变得细腻优雅，苦味恰到好处，令尾调锦上添花。德里克家族啤酒厂创立已有 130 年，第四代的代表人物安（An）是比利时为数不多的女性酿酒师之一，我向她致以崇高敬意。

小酒店啤酒
（L'Assommoir）

9.7%

滴金啤酒厂（Brasserie de la Goutte-d'Or），法国，巴黎

这款无与伦比的帝国世涛产自巴黎最热闹的街区，具有利口酒的甜与烘烤的香，还散发着甘草、覆盆子、樱桃白兰地及数种香料的香气，尾调中夹杂着一丝苦味。酿酒师以这款啤酒向左拉致以敬意，希望"能让巴黎小市民喝上从前国王的贡酒"。

1　本章节百分数均指酒精度数而非原麦汁浓度。

大麦啤酒（Barley Wine）

10.9%

圣日耳曼啤酒厂（Brasserie Saint-Germain），加来海峡省，艾克斯–努莱特

要说这款大麦啤酒产自英国最优秀的酒厂也会有人相信，但其实它来自法国，彰显了博盖尔特·德康与埃尔韦·德康（Bogaert et Hervé Descamps）兄弟（及许多精酿师）的绝佳技艺。长时间熟成于威士忌酒桶，甜而不腻，需细细品鉴才能领略其馥郁香气。

巴韦人啤酒（La Bavaisienne）

7%

泰利耶啤酒厂（Brasserie Theillier），诺尔省，巴韦

酒液呈铜色，麦芽的圆润香气惊为天人，苦味隐秘而深邃，回味无穷的尾调带有熟透苹果与焦糖香气。如此一款酒，让人怎能不爱？这款啤酒鲜为人知，但它是我心目中最佳的法国啤酒之一。低调的泰利耶啤酒厂创立于1831年，近 200 年来未曾改变。

加莫特啤酒（Bière Gamote）

4.6%

洛林大区酿酒师，默尔特–摩泽尔省，蓬塔穆松

身兼工程师与酿酒师二职的人也可以很幽默，至少在为啤酒起名时会展现出幽默感。这款啤酒散发着美妙的香柠檬味 [1]。香柠檬糖是南锡的一种糖果，以意大利卡拉布里亚的特有植物香柠檬制成。这款啤酒口味新颖，十分解渴。同系列中的白啤名为"黑皮人"（Noiraude），而金啤名为"金狼"（Loup Blond）。瞧，这就是洛林人的幽默！

博尔滕乌尔阿尔特啤酒（Bolten Ur-Alt）

4.9%

博尔滕啤酒厂（Brasserie Bolten），德国杜塞尔多夫附近，科申布罗赫

这款啤酒证明了德国酿酒师在 IPA 兴起之前就已开始往酒中添入大量啤酒花，赋予酒液多种苦味，同时将酒精度保持在不太高的水平。正如酒名所示（alt 在德语中是"老"的意思），这种风格在古代便已盛行于杜塞尔多夫，而博尔滕啤酒厂的历史更是可以追溯至 1266 年！啤酒，永恒的轮回？

---

1 香柠檬的法语是 bergamote，而这款啤酒名中含 gamote。

布鲁克林拉格（Brooklyn Lager）

5.2%

布鲁克林啤酒厂（Brooklyn Brewery），美国，纽约

1988年，纽约的布鲁克林啤酒厂推出了这款布鲁克林拉格，意在找回禁酒令前的拉格之味。这款美丽的琥珀啤酒是美国精酿啤酒复兴的绝佳象征，酒体厚重，苦味鲜明，一经推出，即风靡美国与欧洲。

布什夜啤酒（Bush de Nuits）

13%

迪比松啤酒厂（Brasserie Dubuisson），比利时，皮佩

将一款烈性啤酒（布什圣诞啤酒，12%）置于盛装过黑皮诺葡萄酒的酒桶中陈化8个月，会发生什么？不仅酒精度提升了1%，还增添了惊人的葡萄酒香气，与圣诞啤酒本身的辛辣风味相契合。迪比松啤酒厂每年会新酿一批布什夜啤酒，用作展示，数量有限，不容错过。

康迪隆啤酒（Cantillon Vigneronne）

5%

康迪隆啤酒厂（Brasserie Cantillon），比利时，布鲁塞尔

这款兰比克啤酒来自布鲁塞尔，属康迪隆啤酒厂的高端系列。在橡木桶中陈化三年，色泽金黄，散发着青苹果香。口感细腻，酸味轻盈，伴有一丝蜂蜜香气，尾调为涩爽的烤面包香，一经推出便虏获了人们的味蕾。盲品时，要是觉得这款啤酒实在太像美妙的香槟……你的感觉没有错！

金卡露赫普乔尔啤酒（Gouden Carolus Hopsinjoor[1]）

8%

海特安克尔啤酒厂（Brasserie Het Anker），比利时，梅赫伦

梅赫伦市这家啤酒厂的最新产品，浅酌一口，即能拥有美妙体验：从圆润的麦香到芬芳馥郁的黄李子香，最后以初时难以察觉的啤酒花苦香收尾。海特安克尔啤酒厂的历史长达550年，足以让酿酒师臻进技艺。

1　Hopsinjoor 一词是一个文字游戏，除了去掉 opsinjoorke 词尾的 ke，还在其前加上了 h，让这个单词的前三个字母组成了"hop"一词，也就是英文中"啤酒花"的意思。opsinjoorke 指比利时城市梅赫伦民间传说中背叛妻子的"脏男人"。

科瑟纳尔德燕麦啤酒（Caussenarde L'Avoinée）

6%

科瑟纳尔德啤酒厂（Brasserie la Caussenarde），阿韦龙省，圣博利兹

啤酒花苦味突出，燕麦及燕麦麦芽含量达25%，赋予了酒液干爽的口感。巴蒂斯特·奥盖来自偏远的拉尔扎克喀斯石灰岩高原，既是种植者、制麦师，也是酿酒师。他十分懂得利用田里的农作物酿出新颖独特的啤酒香型，彰显乡村特色。

北佬三料啤酒（Ch'ti Triple）

7.5%

卡斯特兰啤酒厂（Brasserie Castelain），加来海峡省，贝尼方丹

果香与麦香交融，香气浓郁，并伴有啤酒花的美妙苦味。肯定有人认为这是一款模仿比利时啤酒的上发酵啤酒。毕竟，是比利时人开创了这种啤酒风格。然而，这其实是一款下发酵啤酒。创建50余年来，卡斯特兰这座北方酒厂的出品几乎都是下发酵酒款，始终如一。

科伦巴啤酒（Colomba）

5%

皮埃特拉啤酒厂（Brasserie Pietra），科西嘉岛，富里亚尼

这是一款小麦啤酒，酒液浅黄，较为浑浊。酿酒师未以常用的香菜及古拉酸酒调香，而是添加了科西嘉岛丛林中的草木（香桃木、杜松子……），为酒液赋予了特殊香气，使之独树一帜。20余年来，皮埃特拉啤酒厂一直在向世界证明，科西嘉岛的啤酒也有独到之处。

圣神啤酒（Deus）

11.5%

博斯蒂尔啤酒厂（Brasserie Bosteels），比利时，比亨豪特

圣神啤酒的基酒是一款烈性啤酒，装瓶后将如香槟一般进行转瓶，并送入埃佩尔奈[1]的酒窖贮藏。这种别出心裁、无与伦比的酿造方式使圣神啤酒兼具了啤酒与香槟的优点。饮用时，应使用高脚香槟杯，让味蕾徜徉在细腻果香、麦香及尾调苦香之间。这款啤酒着实是一件艺术珍品。

1　法国的香槟之都。

督威啤酒（Duvel）
8.5%

督威摩盖特啤酒厂（Brasserie Duvel Moortgat），比利时，布伦东克–皮尔斯

发酵三次（热发酵及冷发酵），贮藏至少 90 天，才能酿出这款魔鬼般的啤酒。丰富的泡沫下是馥郁的麦芽甜香，令人惊喜；随之而来的是浓烈的苦味，与此前的香甜气息形成鲜明对比。总而言之，每次饮用这款啤酒时我都是如痴如醉，将酒精度数（确实不低）全然抛在脑后。

小咖啡馆啤酒（Estaminet Triple）
7%

啤酒之源啤酒厂（Brasserie des Sources），诺尔省，圣阿芒莱索

既然以诺尔省的传统咖啡馆命名，那么这款酒以杜松果调香自然是顺理成章的。这是市面上的首批杜松果啤酒之一，酿造时偶得辛香风味，十分美妙。杜松子酒由杜松果酿造而成，在诺尔省的小咖啡馆中，这种谷物酒的销量堪比啤酒。终于，两者结合在了一起。

北星啤酒（Etoile du Nord）
5.5%

蒂里耶啤酒厂（Brasserie Thiriez），诺尔省，埃斯凯尔贝克

早在 IPA 盛行前，丹尼尔·蒂里耶（Daniel Thiriez）便开始酿造极苦的啤酒了，比如埃斯凯尔贝克金啤（La Blonde d'Esquelbecq），以及这款北星啤酒。这颗星星照亮了北方大地，而长久以来，人们总认为这片土地上没有人喜欢苦味啤酒。丹尼尔将优质麦芽与自身的精湛技艺相结合，率先证明了事实并非如此。

恶魔长柄叉啤酒（Fourche du Diable）
5.4%

鲁热德利勒啤酒厂（Brasserie Rouget de Lisle），汝拉省，布莱特朗

初涉精酿啤酒这一行时，布吕诺·芒然（Bruno Mangin）发现，弗朗什-孔泰大区没有啤酒花。为了推广本土植物，芒然以龙胆花及龙胆根茎为啤酒调香，酿出了独具一格的苦味，受到龙胆酒（传统开胃酒）爱好者的青睐。我就是其中一员。因此，饮用这款啤酒时，我感到双倍满足。

月球人啤酒（Gens de la Lune）

4.9%

满月啤酒厂（Brasserie de la Pleine Lune），德龙省，沙伯伊

伯努瓦·里增塔勒（Benoît Ritzenthaler）面如精灵，狡黠顽皮，热衷于让人们以为自己住在月球上。但酿酒时的他是脚踏实地的，且喜爱矛盾的事物。比如：这款 IPA 风格的啤酒苦味鲜明，但却是以下发酵法酿造的，而非上发酵啤酒；它富有热带水果香气，而非柑橘香。这款酒足以进入月球轨道了，不是吗？

格林堡琼浆啤酒（Grimbergen Élixir）

7%

凯旋啤酒厂（Brasserie Kronenbourg），下莱茵省，奥贝奈

回归啤酒本源（谷物）后，就连凯旋啤酒厂这样的工业酒厂也能酿出动人心弦的作品。这款啤酒巧妙地融合了大麦、小麦、黑麦及两种啤酒花，柔和顺滑但不甜腻，香气丰富，散发着蜜饯香、焦糖香以及一丝焦香。很简单，不是吗？

常陆野猫头鹰 XH 啤酒（Hitachino XH）

8%

木内酒造（Kiuchi Brewery），日本，茨城县

清酒是啤酒的远房亲戚，而木内家族有超过 250 年的清酒酿造经验。他们从比利时及英国啤酒中汲取灵感，酿出各式啤酒作品，比如这款芳香馥郁且细腻的烈性铜色啤酒。陈化时，这款啤酒被置于盛装过蒸馏清酒的酒桶中，历时三个月，可谓是回归了家族传统，有始有终。全球化实在太棒了！

让兰金啤酒（Jenlain Or）

8%

迪克啤酒厂（Brasserie Duyck），诺尔省，让兰

迪克家族是农民出身（五代均是酿酒师），是否正因如此，他们才希望凭借这款仅供高档餐厅及大型家庭聚会饮用的奢华啤酒来为自己略添一丝富贵气息？无论如何，隐匿在黑瓶内的金色酒液顺滑柔软，甚至可以称得上奢丽贵气，值得搭配品质上乘的美馔。

胡思啤酒（La Rousse）

6.5%

勃朗峰啤酒厂（Brasserie du Mont Blanc），萨瓦省，拉莫特-塞尔沃莱克斯

女士们，先生们，这款啤酒竟斩获了 2011 年世界啤酒大奖赛琥珀啤酒组冠军！胡思啤酒来自萨瓦省，以勃朗峰的冰川之水酿制而成，散发着烤栗子香、奶油焦糖香及丝丝花香，各种香气和谐交融。新晋酿酒师也能酿出巅峰之作，这款啤酒便是最佳例证。

莱福皇家卡斯卡特IPA（Leffe Royale Cascade IPA）

7.5%

百威英博啤酒厂（Brasserie AB-InBev），比利时，鲁汶

黑色的酒瓶，金绿交织的刻字，莱福皇家是一个定位高端的系列。不过，这个系列真正的厉害之处在于酿造配方，因为这是第一次有工业酿酒师将啤酒花品种摆在了台前。继惠特古丁（Whitebread Golding）及"水晶颗粒"（Crystal）后，百威英博又推出了以卡斯卡特啤酒花调香的酒款，而且还是一款 IPA！精酿酒厂可得小心了。

利奥波德 7 号啤酒（Léopold 7）

6.2%

马尔西尼啤酒厂（Brasserie Marsinne），比利时，库图安

绿色用电，优化能耗，采用本土原料，减少废物排放，酒瓶为油墨丝网印刷，无镉元素。这位年轻酿酒师的酿酒方式相当现代，无人可及。他的麦芽啤酒也十分（尤为）出色，轻盈的苦味与水果香气交织其中，优雅而和谐。

爱与花啤酒（Love & Flowers）

4.2%

梅吕辛内啤酒厂（Brasserie Mélusine），旺代省，尚布雷托

什么东西都能叫作啤酒……我就喜欢啤酒的这一点！"爱与花"是一款小麦啤酒，添加了由摩洛哥直运至法国的玫瑰花瓣，酒标上印着"爱与和平"，嬉皮气息十足！

这款啤酒来自旺代省。酿酒师极具创意。最重要的是，它口感清爽，散发着玫瑰花的香气，独具一格，令人心旷神怡。

萨雷布山泥煤啤酒（Mont Salève Tourbée）

5.5%

萨雷布山啤酒厂（Brasserie du Mont Salève），上萨瓦省，内顿斯

酿造经典酒款时，米卡埃尔·诺沃（Mickaël Novo）往往会在其中融入个人特色。通过这款带有一丝泥煤香气的黑啤，他证明了自己在这方面确有天赋。唯一的问题是，他酿造的酒款太多了，风格跨度大，可产量并不高。也就是说，如果爱上了某一酒款（几乎没有不爱的！），基本难以复购。

奥威啤酒（Orval）

6.2%

奥威啤酒厂（Brasserie Orval），比利时，维莱德旺托瓦勒

口味与酒瓶一样独树一帜，香型如酿造方法一般复杂，融合了酸味、果味与苦味。只有真正入了门的品鉴者，才能充分欣赏它的美。你可能会说，对于一款特拉普派修道院啤酒而言，这很正常。毕竟在修道院中，沉默是金 [1]……

巴黎斯 IPA（Parisis IPA）

6.2%

巴黎斯啤酒厂（Brasserie Parisis），埃松省，埃比那苏塞纳尔

埃里克·埃斯诺（Éric Esnault）奋斗多年，终于在法兰西岛大区落地生根，结出累累硕果，比如这款口味强劲的 IPA。苦味直爽，伴有独特果香（熟苹果与榅桲冻，甚至还有一丝草莓的味道）。高卢民族巴黎斯人会为这样的子孙后代感到骄傲的。

马路之下啤酒（Sous les Pavés）

4.5%

阿格里瓦兹啤酒厂（Brasserie L'Agrivoise），阿尔代什省，圣阿格雷夫

泡沫绵密，酒体黝黑，红色水果（覆盆子、接骨木）赋予了酒液细腻的口感，还使其散发着一丝甘草香气。简单、轻盈、解渴，令人心生欢喜。这款啤酒的创作者是阿尔代什人格扎维尔·克莱热（Xavier Clerget），他辞去了木匠工作，转行成为酿酒师。这个决定简直棒极了。

1　奥威啤酒的法语名为 Orval，前两个字母 "or" 意为 "金子"。这是作者拿酒厂名称开的一个小玩笑。

圣斯特法努特级庄园啤酒（St Stefanus Grand Cru）

9%

范斯蒂恩伯格啤酒厂（Brasserie Van Steenberge），比利时，埃特费尔德

这款修道院啤酒极其罕见，因为它与修道院有着真切联系。世俗酿酒师从根特市奥古斯丁修道院的修道士手中接过了这款特级庄园啤酒的酿造配方与菌株种类。色泽金黄，带有谷物香气与曼妙果香。在*丝丝苦味*的衬托下，甜味更显突出。就和修道士一样，不是吗？

塔拉斯布尔巴啤酒（Taras Boulba）

4.5%

塞纳啤酒厂（Brasserie de la Senne），比利时，布鲁塞尔

噢，比利时式幽默……这款啤酒花含量高的轻盈金啤并非皮尔森啤酒，但确实是以上发酵法酿造的，花香是它最突出的香气。不要太依赖酒标，上面的信息是用布鲁塞尔方言写就的。王国首都（布鲁塞尔）的方言既不是弗拉芒语，也不是瓦隆语，而是一门兼容了两者的语言。

图乌啤酒（Thou）

5.4%

安河啤酒厂（Brasserie Rivière d'Ain），安省，茹茹里约

这款小麦啤酒获奖无数（2013年被评为全球最佳淡色艾尔），以酒厂当地的大麦酿制而成，香气细腻。糖化时使用了富尔凯（中间镂空的铲子）进行搅拌。酿造者帕特里克·波贝尔（Patrick Pobel）的名言是："像为爱人烹饪那样酿造啤酒。"相信我，品尝他的啤酒时，绝对会有此般感受。

泰坦尼克 IPA（Titanic IPA）

7%

圣卢普瓦兹啤酒厂（Brasserie Saint-Loupoise），加来海峡省，于比圣勒

阿尔多瓦南部的宁静村庄出产的啤酒，为何要以一艘沉没了的大型客轮命名？原因是，这款散发着红色水果香气的IPA诞生于沉船事故100周年。为了在竞品中脱颖而出，便起了这个名字……但如今，卢多维克·德兹（Ludovic Dez）的啤酒已不再需要在名字上下工夫了。

干燥炉啤酒
（Touraille）

5%

啤酒工坊（Atelier de la Bière），安德尔省，安德尔河畔维莱迪厄

制麦时，大麦会被送入窑炉干燥，收获泥煤香气（仅在部分时候）。这款以干燥窑炉命名的波特啤酒与苏格兰艾雷岛单一麦芽威士忌拥有同款泥煤香气，也是法国第一款泥煤香型啤酒。一杯酒享受两种快乐！像我一样的黑啤及泥煤威士忌爱好者，除了感到幸福，还能说什么呢？

特拉奎尔宅啤酒
（Traquair House）

7.2%

特拉奎尔宅啤酒厂（Brasserie Traquair House），苏格兰，因纳利森

苏格兰城堡特拉奎尔宅建于 1107 年，居住其中的幽灵竟是……酿酒师。特拉奎尔宅啤酒厂创建于 17 世纪，彼时酿制的酒液是供庄园主及家仆饮用的。一个世纪后，酒厂停产，被人遗忘在城堡的附属建筑中。1965 年，酒厂重启，酿出了极为优秀的传统艾尔啤酒，与幽灵毫无关系。

维利欧卡斯啤酒
（Véliocasse）

7%

维克辛农场啤酒厂（Ferme-brasserie du Vexin），瓦勒德瓦兹省，泰梅里古尔

德尼·萨尔热赫（Denis Sargeret）是一名满腔热血的农场经营者。为了获取更多利润，他决定使用自家种植的大麦酿制啤酒。这款酒是他最美的作品，被评选为 2014 年全球最佳蜂蜜啤酒，且带有浓郁果香：科林斯葡萄、李子。此外还有甘草、欧石南及菌菇的香气，会让你生出拥抱大地的冲动。

天使之风啤酒
（Vent d'Ange）

6%

葡萄园啤酒厂（Brasserie des Vignes），塔恩省，格罗莱

为什么在布鲁塞尔以外就酿不出贵兹啤酒？热爱啤酒的欧西坦人斯特凡纳·杜梅纽肯定会说"不如赌赌看"！杜梅纽的这款啤酒酸味清新，融合了美妙的葡萄酒香，是打破这种说法的最佳例证。为什么命名为"天使之风"？为什么酒厂名叫"葡萄园啤酒厂"？故事太长，这里就不一一详述了。

配餐

当然，不用"pairing"这个英语词，我们也可以说"啤酒配餐"或"餐酒搭配"。但如今，啤酒与食物间的联系已涉及美食品鉴层面，而上述词汇并不能突出这一点。而且，使用"pairing"才能表明，是北美人开拓了这一创新趋势。

PAI-
RING

餐桌上的啤酒

今日的啤酒风味多样，获取便捷，因此又风光地重回餐桌。其实，它们本就不应离开。

长期以来，餐桌一直是啤酒的天下。然而，葡萄酒逐渐取代了啤酒的地位，矿泉水及气泡水亦后来居上。而且，下发酵金色拉格盛行，这种啤酒在配餐方面着实相形见绌，失去了人们的喜爱。

如今的消费者有了更多选择，因此，重新学习搭配啤酒与餐食十分重要。但我想强调的是，啤酒配餐没有金科玉律，更不像《圣经》十诫那样规定哪些能做，哪些不能做。此外，请勿过分简化啤酒，已有的啤酒风格（更不用说将来肯定会出现的更多风格）之间的界线是模糊不清的，不同酿酒师酿出的同一类型啤酒也会有极大差异。比如果味香浓的 IPA，有的散发着柑橘芳香，有的则富含热带果香。世涛可能是细腻香甜的，也可能是苦的，甚至是涩的。上发酵金啤可能圆润甜美，也可能清苦干爽……在这一点上，啤酒和葡萄酒截然不同。无论是慕斯卡德白葡萄酒、罗讷河谷葡萄酒，还是苏岱甜酒，同一种类的葡萄酒虽有品质的高低之分，但基础香型都是一样的。

因此，若想让啤酒与餐食搭配得当，唯一的方法就是不断尝试。品尝美食时，尝试各类啤酒，记下哪些合适，哪些不合适！不过，初涉此领域的新手（人数并不少）也可以记住几条原则。一边尝试，一边调整，从而找到合适的餐酒搭配（希望如此）。

平衡

第一条搭配法则：餐食与啤酒应是平衡的，首先是口味浓度的平衡。清爽的小麦啤酒应搭

↑ 新手搭配餐酒时最应遵循的就是平衡原则。

配简单的沙拉或清水煮白鱼；棕色艾尔，尤其是带有焦糖香气的棕色艾尔，搭配焦香的烤猪蹄最为合适。搭配时须注意，两者中不能有一者太出风头，掩盖了另一方。我记得有一次，餐食是以香草蒸制的贻贝和蛤子，精致美味，但却搭配了一款麦芽香气浓郁的烈性修道院金啤。啤酒将菜肴完全压制，那次经历实在不堪回首。要是配以小麦啤酒，一定好极了。啤酒越浓烈（无论是酒精度还是口味），就越应该搭配口味香浓的食物。

为啤酒选择配菜时，酒精度是一个不错的参数。毕竟搭配的目的在于找到可以珠联璧合的餐食与啤酒，而不是让两者针尖对麦芒，或是相互抵消。新手最应遵循的就是平衡原则，熟练后可尝试更大胆的搭配。

最近，我受邀尝试了几款黑啤，其中包括薄荷口味与马鞭草口味的酒款，搭配的是相同口味的黑巧克力。我本想体验这些口味的啤酒与巧克力碰撞在一起会有怎样的化学反应。想法是好的，但结果糟透了。巧克力师制作的是甘纳许，这是一种将等量可可及鲜奶油混合在一起的巧克力，厚重油腻，与黑啤干爽甚至苦涩的口味形成了强烈冲突，令黑啤特色完全丧失。

互补

遵循平衡原则的同时，也可以寻找互补的餐食及啤酒。也就是说，选择一款能够放大食物主要特征的啤酒，为食物增色添彩，而不会与之相斥。互补原则下，度很重要，须尊重两者的味道，但犯错概率不大，尤其对于新手而言。

以柠檬口味的啤酒佐腌渍生鱼片或许很有

啤酒越浓烈（无论是酒精度还是口味），就越应该搭配口味香浓的食物。

趣；以红色浆果啤酒，尤其是覆盆子啤酒，搭配熔岩巧克力蛋糕，那就是幸福的味道。但一定要选择含糖量少的酒款，比如果味贵兹，以减轻味蕾负担。

半熟肥肝与花香浓郁的啤酒是一对不错的组合，啤酒的轻盈能缓解肥肝的油腻，同时还能突出其柔滑口感。过甜的啤酒会掩盖所有味道！这样的例子有很多，比如烤肉（蒙贝利亚牛肉）搭配烟熏黑啤，这种组合越来越常见了。在源自乡村的传统法式餐饮中，也有不少值得借鉴的搭配组合：野味通常佐以红色水果（红醋栗、红豆越橘），什么啤酒是野味的最佳搭档已经很清楚了；若餐食是葡萄烩鹌鹑，那么只需搭配一款口味协调的上发酵果味艾尔即可。

另一个互补的美妙组合是散发着酒花苦味的皮尔森啤酒与带碘味的生蚝及海鲜。同样地，这种搭配也须适度，太苦的 IPA 会过度掩盖海鲜的味道。

最后分享个简单方法，根据风土便能轻松找到互补的美食与啤酒，比如：洋葱贴贝与北部-加来海峡大区的窖藏啤酒，腌酸菜与阿尔萨斯的皮尔森啤酒，弗拉芒烤肉与略辛辣的琥珀啤酒（若烤肉腌制得口味较重，甚至可配以浓郁棕啤），巴伐利亚小牛肉香肠与甜美的德式小麦白啤。

搭配奶酪与啤酒时，根据风土搭配的方法更为适用。奶酪也是发酵食品，搭配啤酒享用其实优于葡萄酒。你发现了吗，知名的葡萄酒产区，比如波尔多、罗讷河谷及阿尔萨斯，都不怎么出产奶酪？勃艮第虽然有几款不错的软质奶酪，比如查尔斯奶酪（Chaource）及埃普瓦斯奶酪（Epoisses），但这些均非出自葡萄酒产区。

法国大地上，精酿酒厂再次兴盛，要想在酒厂附近找到传统的奶酪厂并不难。法国北部当然也是如此，那里有许许多多高品质的奶酪厂及啤酒厂。

除了简单的互补外，美酒与美食还会产生共鸣，也就是在口味上拥有相同点：黄香李啤酒与黄香李挞、以极干的麦芽酿成的啤酒与烤肉，在它们之间都能感受到这种共鸣。

但要注意，如果一道菜肴的味型有主次之分，那么次要的味道或许也会和啤酒味型产生冲突。只有不断尝试，才能找到合适的……或糟糕透顶的搭配。

对比

第三条法则与前两条不一样，要点在于将味型相反的菜肴与啤酒搭配在一起，从而创造出"两者分别享用时"更大的愉悦感。

若菜肴口味过重，通过对比原则可有效解决这个问题。对比原则还能引导味蕾去探索另一香型。

食用辣味佳肴，比如突尼斯库斯库斯米饭或泰式汤羹时，可以选择圆润的麦芽啤酒，例如上发酵金啤，以缓解辣椒带来的火辣感觉。对于不能吃辣的人来说，这样的啤酒能起到和面包一样的作用。享用甜度极高的甜品时，应避免过甜的酒饮，尤其是甜葡萄酒，这是一个许多人都会犯的搭配错误。可以选择酸味鲜明的啤酒，比如传统贵兹或酸啤。如今，越来越多的北美酒厂开始酿造酸啤。

油脂丰厚的菜肴，诸如白汁烩牛肉及什锦砂锅，可以搭配干爽金啤，甚至可以搭配略带苦味的啤酒，最好是气泡充盈的酒款。细腻的二氧化碳气泡能够充分洗涤味蕾。此外，与菜肴味型相反的酒款更能凸显食物的肥美，而味型相对应的酒款则无法做到这一点。

采用对比法则时，根据风土搭配仍是一个好办法：享用油脂丰盈且辛辣的墨西哥牛油果酱时，可以搭配柔美的拉格，比如产自墨西哥或中美洲的拉格啤酒；或者更大胆一些，选择散发着柑橘酸味的小麦啤酒。

不要忘记，巧克力慕斯与红色水果啤酒是天作之合，若是搭配克里克啤酒（樱桃贵兹啤酒），那更是再好不过：甜点的甜与啤酒的酸形成了鲜明对比，美味动人。

若是辛辣菜肴，比如印度咖喱或泰式咖喱，应避免搭配辛辣风味的啤酒，因为这会显得很多余。不如选择一款 IPA，既有苦味，又带有柑橘芳香，与食物味道反差分明。如此搭配，菜肴与啤酒都将为食客带来意外之喜。

英国人的餐酒搭配（可追溯至 18 世纪）可以证明，对比法则并不是最近才兴起的。英国人会以苦味鲜明的世涛搭配扁平蚝（比如贝隆生蚝与蛤蜊）。生蚝的清新碘味与世涛浓郁的烘烤香味相结合——一场永远的感官盛宴。

如今人们能接触到的啤酒与美食越来越多元，成功的搭配组合比比皆是。选择酒饮时，只须首先考虑啤酒即可。

这三条餐酒搭配法则是否有高下之分？并没有。使用哪一条法则，完全取决于场合、心情、冰箱中的存货，以及你钟爱的酒水店中的酒款！

啤酒美食搭配推荐

啤酒美食 搭配推荐	德式小麦白啤 + 圣雅克扇贝	皮尔森啤酒 + 冷肉拼盘
波特啤酒 + 提拉米苏	琥珀啤酒 + 烤猪肉	兰比克啤酒 + 烤鳎鱼
金色拉格 + 洛林馅饼	世涛啤酒 + 水果挞	棕色啤酒 + 鞑靼牛肉
棕色拉格 + 烤香肠	蜂蜜啤酒 + 烤沙丁鱼	苏格兰艾尔 + 墨西哥辣肉酱炖豆
烟熏琥珀啤酒 + 普罗旺斯奶油烙鳕鱼	世涛啤酒 + 焦糖布丁	淡色艾尔 + 意大利番茄肉酱饺子

啤酒
入菜

展望未来

如今，啤酒配餐已有不少人研究（虽然还有许多待探索之处），而啤酒入菜仍是相对较新的领域。确实，许多传统菜肴中含有啤酒，比如啤酒李子焖兔肉、弗拉芒烤肉，以及金啤可丽饼，但我们仍然期待能有大厨灵光乍现，在啤酒入菜这条路上走得更远。

格兰多热（Graindorge）餐厅位于巴黎凯旋门附近，在老板贝尔纳·布鲁（Bernard Broux，这个名字不禁让人联想起 brassage 一词）研发的创新菜肴中，啤酒占有一席之地，彰显了布鲁的比利时血统……但也仅有一席。长期以来，布鲁一直拒绝被贴上"啤酒大厨"的标签。虽说如此，我依旧从他的菜肴中感受到了"熬煮收汁"原则：以文火炖煮烈性啤酒数小时，让啤酒香气尽可能地浓缩在酱汁底层，味道十分惊艳。

但这种烹饪方法是有风险的。如果使用的酒款啤酒花含量较高，可能会制得十分苦涩的酱汁，就连 IPA 的狂热爱好者也无法下咽。

创新菜肴

有人在沙拉油醋汁上开辟了一条极具吸引力的啤酒入菜道路：用酸味浓郁的啤酒——比如小麦啤酒，甚至贵兹啤酒——替代油醋汁中的传统调味料，制得的酱汁口味相当不凡。

用啤酒给油醋汁调味是一个很有趣的思路，或许啤酒也可以代替葡萄酒，用在配有酱汁的菜肴中。

以前我一直用红葡萄酒烹煮猪脸肉。这个部位的猪肉炖煮两至三小时后便软烂可口，十分美味。后来，我用略辛辣的琥珀啤酒代替了红葡萄酒，菜肴立刻增色不少，香气愈加丰富。我的太太和朋友都再也不想吃红酒猪脸肉了。实际上，在长时间的烹煮过程中，啤酒中的残留糖分会在不知不觉中焦糖化，令肉香更加浓郁。

烹煮时长较短的菜肴，尤其是鱼肉及鸡肉（比如知名的比利时弗拉芒炖鸡），可以添入谷物及草本香气浓郁的啤酒，增添轻盈细腻的口感。当然，对于比利时人或法国北方人而言，洋葱贻贝只能使用皮尔森啤酒或贵兹啤酒烹煮。最近，我尝了一道以科西嘉琥珀啤酒烹调的贻贝，美味非凡！

冻类菜肴以啤酒调味也非常不错，无论是蔬菜冻、鱼冻（尤其是熏鱼冻）还是白肉冻（比如著名的以杜松子酒入味的弗拉芒杂肉冻，见第143页）。啤酒能提味，堪称点睛之笔。在软烂嫩滑的小牛肉烹煮接近尾声时，倒入少许熬煮过的苦啤，便是这个道理。

虽然威尔士干酪（威尔士地区的精选美食）来自大英帝国，但这个国家的其他食物鲜能带来灵感。威尔士干酪其实就是烤面包片上面抹了柴郡干酪或融化的切达奶酪，再浇上啤酒芥末酱汁，送入烤箱，趁热享用。这是一款地道的英伦小吃，只有上乘的英式艾尔啤酒能与它搭配。

↑啤酒能为菜肴提味。

啤酒菜谱

本章将介绍 12 款啤酒菜谱，
包含前菜、海鲜、肉类和甜点。
愿您能够大快朵颐。

RE-
CETTES

前菜

金啤奶油汤

4 人份

- 2 升上发酵金啤，酒精度 5%～6%
- 150 克糖
- 6 个蛋黄
- 2 汤勺鲜奶油
- 少许孜然与肉豆蔻粉
- 50 毫升苦味鸡尾酒（Amer Bière）[1]

步骤

→ 将啤酒倒入大锅，加入糖，使糖溶于啤酒中，然后煮沸。

→ 将糖酒液静置放凉。蛋黄打散，倒入少量糖酒液，搅拌均匀。

→ 把打散的蛋黄酒液倒入余下的糖酒液中，加入鲜奶油、孜然及肉豆蔻粉，搅拌均匀。如需要可以加热，但不要煮沸。

→ 倒入苦味鸡尾酒。

→ 搭配法式乡村烤面包享用。

棕啤马鲁瓦耶奶酪挞

8 人份

- 300 克酥皮面饼
- 400 克精心制作的马鲁瓦耶奶酪
- 5 个鸡蛋
- 4 汤勺鲜奶油
- 肉豆蔻粉
- 盐和胡椒
- 250 毫升棕啤

步骤

→ 将面粉撒在酥皮面饼上，再将面饼放入直径 24 厘米的挞盘中。

→ 马鲁瓦耶奶酪去掉外皮，切成片，置于酥皮面饼上。

→ 烤箱预热至 200 摄氏度。

→ 取大碗，将鸡蛋、鲜奶油、肉豆蔻粉、盐和胡椒搅打均匀。倒入啤酒，混合均匀。将混合物倒在面饼上。

→ 放入烤箱，烤制 30 分钟。

→ 搭配蔬菜沙拉享用，冷热均可。

1　苦味利口酒（Amer）与金色拉格或小麦啤酒混合而成的鸡尾酒。利口酒与啤酒比例为 8：1。

← 将肉豆蔻磨成粉。

海鲜

小麦啤酒清炖圣雅克扇贝

4 人份

- 20 只圣雅克扇贝
- 200 克珍珠大麦
- 400 克菠菜苗
- 2 头火葱
- 25 毫升香脂醋
- 50 克金砂糖
- 750 毫升小麦啤酒（白啤）
- 1 瓣大蒜
- 橄榄油
- 盐和胡椒

步骤

→ 将扇贝肉取出，置于厨房纸上，充分吸干水分。

→ 锅中倒水，煮沸，加入盐，放入珍珠大麦烹煮 30 分钟，洗净沥干，保温存放。

→ 将菠菜苗洗净，火葱切碎。

→ 取平底锅，倒入香脂醋与金砂糖，搅拌混合，制成糖浆。加入 700 毫升啤酒，煮熟收汁，至糖酒液体积减少一半。

→ 另取一锅，倒入少量橄榄油，放入菠菜苗与蒜瓣翻炒。然后将扇贝肉放入锅中煎制。

→ 取四个餐盘加热，将菠菜苗平分放入餐盘中，并在周围撒上珍珠大麦，最后放上扇贝肉。

→ 锅中留有煎制扇贝肉余下的酱汁，将剩余啤酒倒入其中，搅拌均匀，制得轻盈爽口的起泡酱汁，淋在扇贝肉上。

→ 撒入盐和胡椒，趁热享用。

酸菜三文鱼

4 人份

- 600 克至 800 克三文鱼排，去鳞不去皮
- 植物油
- 粗盐
- 100 克黄油
- 60 毫升蒸馏啤酒 [1]（ eau-de-vie de bière ）
- 400 克酸菜
- 100 毫升新鲜厚奶油（ crème fraîche épaisse ）
- 10 克孜然粉

黄油调味汁

- 3 头火葱
- 2 瓣大蒜
- 5 颗杜松果
- 100 毫升金啤
- 100 毫升鲜奶油

步骤

→ 制作黄油调味汁：火葱、蒜瓣及杜松果切碎，与少许黄油一同翻炒。倒入啤酒，熬制收汁，然后加入鲜奶油。

→ 另取一锅，倒入少许植物油。将三文鱼排切成四块，放入锅中煎制，撒入粗盐。

→ 将黄油切小块，逐次少量放入锅中，并缓慢倒入 40 毫升蒸馏啤酒，不停搅拌。

→ 将酸菜与厚奶油放入锅中加热，并倒入余下的蒸馏啤酒。

→ 取四个餐盘加热，倒入黄油调味汁，放上酸菜，撒入孜然粉，最后摆上一块三文鱼。

---

1 蒸馏啤酒为新鲜啤酒在常压下直接蒸馏所得，酒精浓度按体积计算不超过 86%，保有啤酒风味。

肉类

弗拉芒杂肉冻

6 人份

- 2 只鸡大腿
- 2 块兔里脊肉
- 2 大块新鲜五花肉
- 200 克小牛肩肉
- 2 头白洋葱
- 10 克杜松果
- 百里香和月桂叶
- 10 克吉利丁粉
- 盐和胡椒
- 100 毫升白醋
- 40 毫升杜松子酒
- 750 毫升上发酵烈性金啤

步骤

→ 鸡大腿上部与下部拆开，兔里脊肉与五花肉切成两半，小牛肩肉切块，洋葱剥皮切碎。

→ 取一口可入烤箱的炖锅，须足够大，可装下所有食材。将一半洋葱末铺在锅底。

→ 将肉类放入锅中，不同种类的肉交替摆放，最后将余下的一半洋葱末铺在肉上。

→ 加入杜松果、百里香、月桂叶，撒入吉利丁粉、盐和胡椒，最后倒入白醋与杜松子酒。

→ 倒入约 500 毫升啤酒，盖上锅盖，放入烤箱，以 160 摄氏度烤制 3.5 小时。

→ 烤制 3 小时后，倒入余下啤酒。

→ 烤制完成，取出炖锅，静置放凉 24 小时。

→ 搭配酸黄瓜享用，也可作为主菜，搭配薯条与蔬菜沙拉食用。

← 新鲜兔肉。

→ 火葱和大蒜（第 144、145 页）。

啤酒猪脸肉

4 人份

- 8 块猪脸肉
- 2 头洋葱，切末
- 250 克肥瘦猪肉馅
- 1 汤勺蜂蜜
- 500 毫升琥珀啤酒或棕色啤酒，选择味道浓郁的酒款，但不要太苦
- 1 扎香草[1]
- 盐

步骤

→ 锅中倒入植物油与黄油，放入猪脸肉翻炒至金黄，盛出备用。

→ 倒入洋葱末与肉馅翻炒。

→ 倒入蜂蜜与猪脸肉。

→ 倒入啤酒，撒入香草及少许盐。

→ 盖上锅盖，炖煮 2.5 小时。注意汤汁的量，若汤汁过少，可加入热水。

→ 食用时佐以蒜腌胡萝卜。

小贴士

加热后更美味。

焖羊肉

6 人份

- 1.5 千克去骨羊肩肉（让肉店老板帮忙去骨，骨头不要扔掉）

---

1 月桂、百里香、欧芹、迷迭香等。
2 一种空心意大利面。

- 3 根胡萝卜
- 3 头洋葱
- 2 瓣大蒜
- 百里香、月桂、欧芹
- 500 毫升棕啤
- 50 克猪油或植物油
- 500 毫升小牛肉高汤
- 40 克黄油
- 40 克面粉
- 盐和胡椒

步骤

→ 羊肩肉切大块，与羊骨一起装入大盘中。

→ 洋葱与胡萝卜去皮切块，放入大盘，加入蒜瓣、百里香、月桂及欧芹。

→ 撒入盐和胡椒，倒入啤酒，腌渍至少 3 小时。

→ 取出羊肉、羊骨及香料，腌料汁放在一旁备用。

→ 炖锅中倒入猪油，将羊肉及羊骨煎至褐色。

→ 倒入腌料汁、小牛肉高汤及蔬菜。

→ 盖上锅盖，文火慢炖 1.5 小时。取出羊骨，羊肉保温存放。

→ 取平底锅，放入黄油融化，倒入面粉搅拌至混合物变成浅金色。

→ 将炖肉汤汁倒入锅中，猛烈搅打，直至酱汁变得顺滑，如需要可加入调味料。

→ 将酱汁浇在羊肉上，搭配黄油小贝壳面[2]食用。

魔鬼猪肩肉

4 人份

- 1 千克阿尔萨斯风味猪肩肉（腌过的猪肩肉，裹以黄芥末酱，网袋包装），可在肉店购得
- 500 毫升下发酵特种金啤（酒精度 6% 或以上）
- 400 克土豆
- 油、醋及黄芥末
- 盐和胡椒
- 2 头火葱
- 50 克小葱，切末

步骤

→ 将烤箱预热至 200 摄氏度，放入猪肩肉，倒入 250 毫升啤酒，烤制 70 分钟。

→ 烤至 35 分钟时，加入剩余啤酒。

→ 烤制期间，将土豆去皮切块，蒸制 15 分钟，放凉备用。

→ 调制油醋汁：火葱去皮切碎。将油、醋、黄芥末、盐、胡椒搅拌均匀，加入火葱末。

→ 将土豆与油醋汁充分搅拌，撒入小葱末。

→ 脱去猪肩肉的网袋包装并切片，佐以土豆沙拉食用。

→ 处理干净的兔肉（对页），猪肩肉（第 148 页），盐和胡椒（第 149 页）。

甜点

苹果贝奈特饼

6 人份

- 200 克面粉
- 2 个鸡蛋
- 2 汤勺油
- 1 汤勺糖
- 盐
- 25 毫升苦味金啤
- 6 个红香蕉苹果
- 50 毫升金啤
- 100 克白砂糖
- 100 克糖粉
- 肉桂粉

步骤

→ 取大碗，倒入面粉与鸡蛋，搅打均匀。

→ 加入油、糖及一撮盐，少量逐步倒入苦味金啤。

→ 充分搅拌，直至面糊光滑，静置 1 小时。

→ 苹果去皮去核，切片。往 50 毫升金啤中撒入砂糖，放入苹果片浸泡。

→ 苹果片裹上面糊，浸入 170 摄氏度热油中，将一面炸至金黄后使用漏勺翻面。根据苹果片的数量，多次重复这一步骤。

→ 将苹果贝奈特饼置于厨房纸上吸油沥干，糖粉与肉桂粉混合撒于其上，即可食用。

← 选用红香蕉苹果。

枫糖金啤挞

6 人份

- 300 克甜挞皮
- 150 克金砂糖
- 3 个鸡蛋
- 100 克枫糖浆
- 200 毫升烈性金啤
- 半咖啡勺肉桂粉
- 100 克黄油

步骤

→ 取一个挞盘（直径 28 厘米），抹上黄油，放入甜挞皮，撒上金砂糖。

→ 鸡蛋打散，加入枫糖浆、啤酒与肉桂粉，搅拌均匀。

→ 将烤箱预热至 240 摄氏度。

→ 将蛋液混合物浇在挞皮上，放入烤箱，烤至表面变硬。

→ 在此过程中，分多次从烤箱中取出金啤挞，将小块黄油置于挞上。

→ 金啤挞表面变硬后，将烤箱温度调至 190 摄氏度，再烤 45 分钟。

→ 稍稍冷却或放凉后，搭配香草雪糕球享用。

金啤夏洛特蛋糕

6 人份

- 24 块手指饼干
- 500 毫升上发酵烈性金啤
- 400 毫升清水
- 4 个鸡蛋
- 200 克金砂糖
- 1 根香草荚

- 250 毫升香缇奶油

步骤

→ 取一个大碗，倒入 300 毫升啤酒及 400 毫升清水，逐一放入手指饼干浸泡。

→ 将浸透的手指饼干分为两份，一份铺入夏洛特蛋糕模具底部，一份贴在模具壁上，围成一圈。

→ 另取一个大碗。将鸡蛋倒入大碗中，加入金砂糖，搅打至发白。

→ 一边搅打，一边缓慢倒入余下的 200 毫升啤酒。搅打至顺滑后，隔水加热。

→ 将香草荚折成两半，放入蛋酒糊中。

→ 当蛋酒糊变得足够浓稠时关火，静置放凉，然后缓慢混入香缇奶油。

→ 取一半奶油混合物，倒入夏洛特蛋糕模具，铺上一层手指饼干，再倒入余下的奶油混合物。

→ 将蛋糕模具放入冰箱静置至少 2 小时。取出后脱模，以香缇奶油装饰，即可食用。

香料烤梨

4 人份

- 500 克糖
- 1 个柠檬，榨汁
- 100 毫升清水
- 4 个梨
- 60 克蜂蜜
- 60 克黄油

- 肉桂粉
- 2 个八角
- 4 个丁香
- 黑胡椒粒
- 100 毫升烈性棕啤（酒精度 7%～10%）

萨芭雍酒香蛋黄羹

- 3 个蛋黄
- 100 毫升烈性棕啤（酒精度 7%～10%）
- 50 克粗红糖
- 肉桂粉

步骤

→ 锅中倒入糖、柠檬汁与清水，搅拌均匀，煮沸后离火备用。

→ 将梨削皮，整只放入糖浆中，盖上锅盖，小火慢炖后放凉。

→ 将梨切成两半，去除梨籽。

→ 取平底锅，倒入蜂蜜与黄油，加热至金黄。放入梨块，撒入各种香料。

→ 待梨块四面金黄后离火，倒入啤酒，再开火烹煮数分钟，制得酱汁。

→ 制作萨芭雍酒香蛋黄羹：混合所有材料，隔水加热，搅打均匀，直至混合物体积膨胀 3 倍。

→ 取一深盘，放入两个梨块，浇上烹煮酱汁，将萨芭雍酒香蛋黄羹铺在梨块周围，然后置于烤架上烤制 30 秒，至颜色加深。

→ 搭配面包片与烤过的香料享用。

→ 八角（对页），梨（第 154、155 页）。

啤酒词汇

在以啤酒为先的国家，有许多与啤酒相关的传统，加之酿造原料与酿造方式各有不同，逐渐衍生出了各类啤酒风格与特殊称谓。下文词汇表显然列举未尽，而且，许多啤酒风格仍在不断演变。

LES MOTS DE LA BIÈRE

修道院啤酒（Abbaye）

这种上发酵啤酒酒体饱满，香气浓郁。修道院啤酒可以是金啤、琥珀啤酒或棕色啤酒，甚至可以是调味啤酒。这种界线模糊的叫法始于 1950 年的比利时，由莱福啤酒（Leffe）开创；亦存在于德国，指在修道院中酿造的啤酒，如今也为法国酿酒师所采用。虽说修道院啤酒致敬了为啤酒酿造技术做出巨大贡献的修道士，但这完全不意味着这种啤酒就是在修道院中酿造的（至少在比利时及法国不是），甚至未必与宗教团体有任何关系。部分修道院啤酒的修道院元素仅仅体现在商标上。

如今修道院啤酒品牌泛滥，时而配以让人匪夷所思的产地与称谓。鉴于此，与修道院有真切联系的比利时酒厂推出了认证标签："产自认证修道院的比利时啤酒"（Bières belges d'Abbaye reconnue）。已有十多个品牌获得认证。不过，这个标签在法国并不常用。

艾尔啤酒（Ale）

英国传统上发酵啤酒，酒精度较低或适中。艾尔啤酒可以是淡色艾尔（金色甚至琥珀色）、淡味艾尔（酒精度低，啤酒花含量低）、苦味艾尔、印度淡色艾尔、波特啤酒、世涛啤酒（黑啤）或大麦啤酒（记住这个叫法）。真艾尔啤酒（real ale）指在酒桶中经历过二次发酵且不加二氧化碳或氮气的手动抽出的啤酒。

阿尔特啤酒（Alt）

德国人以此指代酒精度不高的上发酵啤酒。

阿尔特（Alt）在德语中是"老"的意思，与此对应的是出现时间相对较晚的下发酵皮尔森啤酒。在酿造阿尔特啤酒方面，杜塞尔多夫的酒厂是行家。

大麦啤酒（Barley Wine）

Barley Wine 的原意是"大麦葡萄酒"，英国人以此指代最烈、最厚重的艾尔啤酒，酒精度介于 8% 至 11% 之间。

啤酒（Bière）

根据现行法律，"啤酒"一词指的是麦芽汁（以谷物麦芽、谷物原料、食用糖、啤酒花、啤酒花中的苦味物质及饮用水制得）经发酵后酿得的酒饮。不久前，法律才允许往啤酒中添加香草、香料、草木原料及着色剂，包括蜂蜜。在啤酒的淀粉糖类物质中，谷物麦芽占比至少为 50%。在原麦汁中，干性提取物的重量占比至少为 2%。此外，啤酒还有法律上的分类，即奢华啤酒、特种啤酒、特色啤酒及调味啤酒。但要注意的是，这种分类只适用于法国，欧盟及其他各国大都有各自的啤酒法规。

窖藏啤酒（Bière de Garde）

就本质而言，所有啤酒都是窖藏啤酒，因为在发酵结束后、装瓶或装桶前，酒液至少需要静置一到两个星期。近几十年来，在北部-加来海峡大区，尤其在精酿圈中，这个词有了更确切的含义。为了将自家产品与大型工业化啤酒厂的产品区分开来，精酿师开始酿造与众不同的酒款，通常采取上发酵法（并非必须），发酵结束后窖藏 21 天，甚至更久。如今，有法规为窖藏啤酒下了定义，指酒精度相对较高、丰厚圆润、果香浓郁的啤酒，通常未经巴氏消毒。

苦味啤酒（Bitter）

英国十分常见的一种艾尔啤酒，特点是苦味突出，多见于英式小酒馆。颜色深至琥珀色，浅至橘色。香型多变，不同酿酒厂的苦味啤酒香型差异较大。

白啤（Blanche）

白啤指以小麦（小麦麦芽或生小麦）酿造的啤酒。其实这个叫法并不准确，因为白啤并不是白色的，有的是浅黄色，有的是鲜艳的金色。工业革命以前，法国人将"发酵后即刻享用的啤酒"称为白啤，主要功能是解渴。与此对应的是红啤或棕啤，发酵后会窖藏一段时间，酒精度通常较高。

比利时的小麦啤酒曾险些绝迹，只有德国的小麦啤酒存活了下来。不过自20世纪90年代起，小麦啤酒强势回归。这种啤酒之所以被称为小麦啤酒，除了因为在糖化时会加入小麦外，也因为它未经过滤，酒体多少有一些浑浊，解渴开胃。比利时的白啤多以香料调味，比如香菜及苦橙。德式小麦白啤（Weizenbier，亦称 Weissbier）分为两大类：柏林白啤与巴伐利亚白啤，小麦含量高达50%~60%。德式小麦白啤的酵母十分特殊，赋予了酒液丁香香气，而这种香气在其他白啤中并不常见。德式小麦白啤的酒液未必浑浊，有的酒款颜色甚至是棕色的！都怪 weiss（白色）与 weizen（小麦）两个单词太像了。

酿造白啤时，法国酿酒师大多会以未经过滤、加了香料的比利时白啤为原型。

博克啤酒（Bock）

在德国，博克啤酒指烈性啤酒。双倍博克（Doppel Bock）较博克啤酒更烈，品牌

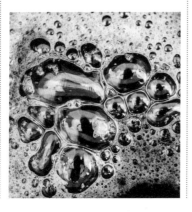

名称多以"ator"为后缀。不要把德国博克与法国博克弄混了。法国的博克指的是酒精度极低的啤酒（低于3.5%），也指传统咖啡馆中的小玻璃杯（125毫升至150毫升），有时亦称为"嘎洛半"（galopin）。

高卢大麦啤酒（Cervoise）

古时称谓，指以谷物为原料、以各类香料或植物调香的下发酵啤酒。这个词的确切含义颇具争议。其实，cervoise 的词源本就模糊不清，究竟源自罗马神话中的谷物女神 Cérès（克瑞斯），还是源自凯尔特语单词 cera（谷物）和 vise（力量），至今仍无定论。不过，cervoise 似乎比 bière（啤酒）一词还要古老，或许来自斯堪的纳维亚语或日耳曼语。1489年，法国国王查理八世在诏书中首次使用了 bière 一词，而 cervoise 在中世纪就已是常用词。

此外，历史资料并未详细描述高卢大麦啤酒的酿造方法与原料，凯尔特人或高卢人没有留下关于这种啤酒的任何文字信息。目前，关于高卢大麦啤酒有几种常见说法，但不具备真实的历史依据，成为争论焦点：

• "高卢大麦啤酒和啤酒不一样，它不含啤酒花。"没有

哪个说法能比这个说法更不靠谱了。啤酒花的使用历史比我们以为的悠久许多。公元2世纪末，甚至在高卢罗马时代，啤酒花就已为人所用，而非自中世纪末才开始。然而，那时的人们只把啤酒花看作一种普通酿造原料。随着时间推移，啤酒花功效才渐渐为人所知，尤其是它的消毒灭菌能力。

● "高卢大麦啤酒是加了蜂蜜的啤酒。"同样地，没有任何历史依据能支撑这种说法，这不过是某些酒厂的商业说辞罢了。在古代及中世纪，肯定有酿酒师为了让酒液更具风味而加入蜂蜜（就和现在一样），但这绝对不是（据目前所知）必需的。

邓克尔啤酒（Dunkel）

Dunkel是德语词，指棕啤。还有另一个衍生词汇：Dunkel Weisse-nbier，字面意思是"棕色白啤"。这足以证明，以"白啤"指代小麦啤酒是多么不合适。

出口啤酒（Export）

一种德国啤酒风格。这个词多为多特蒙德的啤酒厂使用，以突显啤酒品质上乘。与此相反，德国销往外国的"出口"啤酒，品质较国内饮用的明显逊色不少，因为出口的啤酒大多经过巴氏消毒，丧失了细腻香气。

法柔啤酒（Faro）

法柔啤酒即加了糖（蔗糖或冰糖）的兰比克啤酒（一种自然发酵的比利时啤酒），最初是布鲁塞尔咖啡馆中的特色饮品。从酒桶中直接抽出的新鲜兰比克酸味强劲，咖啡馆便往其中添加了糖，使之更易入口。每家咖啡馆的法柔配方多少有些差异，有时还会将法柔与未加糖的兰比克混在一起。

法柔啤酒鲜少以瓶装售卖，正处于消失边缘，因为在比利时咖啡馆中，这种啤酒越来越少见了。

贵兹兰比克啤酒（Gueuze-Lambic）

"古老但不过时"，克里斯蒂安·贝尔热[1]（Christian Berger，一位啤酒爱好者）如是说。布鲁塞尔的兰比克啤酒在许多方面确实如此。首先，这种啤酒的糖化方式与绝大多数啤酒相反，其麦芽汁的小麦含量至少为30%，以陈年啤酒花调味，而其他啤酒酿造师会选择使用新鲜啤酒花果穗。兰比克啤酒的发酵方式也很独特，即所谓的自然发酵：麦芽汁被装入大而扁平的托盘，暴露在空气中12小时至24小时，接种酒厂中的"天然酵母"。而后，酒液会被倒入盛装过雪莉酒的橡木桶中陈化，短则一年，长则两至三年。饮用兰比克啤酒时，可以什么也不加，原汁原味，这种喝法主要流行于布鲁塞尔的部分小咖啡馆；也可以添加食糖，让酒液变得甜一点，这就是法柔啤酒；还可以把新兰比克（一年）与老兰比克（两年甚至三年）混合装入香槟酒瓶，加糖后再次发

---

[1] 克里斯蒂安·贝尔热曾于1985年出版书籍《啤酒爱好者之书》（*Le livre de l'amateur de bière*）。

酵，制得贵兹啤酒。从词源上看，这种"乞丐"（gueux）的啤酒是在向 16 世纪的一群自由人致敬，当时他们齐聚布鲁塞尔，反抗强权。若在别处以此种方法酿造啤酒，制得的酒液或许难以下咽。布鲁塞尔人一直认为，只有在布鲁塞尔才能酿出这种口味惊人的酒饮：酒精度低（4%～5%），味酸，回味悠长。不过在布鲁塞尔之外，依然有酿造贵兹啤酒的酒厂，尤其在佛兰德斯地区。兰比克与贵兹啤酒的酿造过程需时长（自然发酵只能在十月至次年三月间进行）、费用高（不是每一次酿造都能成功）。这也是为什么"真正的贵兹啤酒厂"越来越少，而市场上的"假贵兹"越来越多。我们完全有理由相信，这类"假贵兹"并未依循传统古法酿造。

德式酵母小麦啤酒（Hefe）

Hefe 是德语，意思是"酵母"，指装瓶后再次发酵、酒液中仍含有酵母的啤酒。

清亮啤酒（Hell）

在德国，清亮啤酒即日常饮用的拉格，hell 一词指代的是这种啤酒浅淡的颜色，以和慕尼黑啤酒（munich）有所区分。

帝国世涛（Imperial Stout）

这种黑啤又称"俄罗斯世涛"（Russian Stout），酒精度相对较高，在 9% 以上，因此能长途跋涉，漂洋过海，出口至俄罗斯。帝国世涛曾一度十分罕见，但如今有越来越多的精酿酒厂开始酿造这种啤酒。

印度淡色艾尔（IPA）

IPA 是印度淡色艾尔（India Pale Ale）英语单词的首字母缩写。18 世纪时，为了使啤酒能够撑过三至四个月的海上旅程，酿酒师便酿出了这种酒精度高、啤酒花含量高的艾尔啤酒。如今的 IPA 以上发酵法酿造，苦味突出，香气馥郁，款式众多，包括棕啤！

德式修道院啤酒（Kloster）

Kloster 是德语词，意思是"修道院、隐修院"。德国仍有数间修道院在酿造啤酒，大多位于巴伐利亚。然而，与比利时（以及法国）的修道院啤酒不一样，德式修道院啤酒并不指代某种啤酒风格，只表明啤酒产地。修道院酒厂酿造的啤酒无异于当地其他酒厂。值得一提的是，巴伐利亚威尔顿堡修道院是世界上最古老的修道院，其历史可追溯至 1050 年。

科隆啤酒（Kölsch）

德式上发酵啤酒仅在科隆及周边城镇酿造。科隆啤酒苦味清淡，果香浓郁，酒精度低（4.8%），是科隆地区不可错过的啤酒。只有产自特定地区的啤酒才能叫作科隆啤酒。自 1986 年起，科隆地区的酿酒师开始管控这种啤酒的生产活动。科隆啤酒主要在咖啡馆中饮用，斯坦根杯（一种高而窄的玻璃杯，容量 200 毫升）是其传统饮用杯。按照惯例，只要顾客没有把杯垫盖在酒杯上，侍者就可以重新把酒添满，无须征询顾客意见。数家美国精酿厂也在酿造"科隆风格"的啤酒。毕竟在科隆之外，几乎难以喝到原始版本的科隆啤酒。

克里克啤酒（Kriek）

Kriek 是弗拉芒语，意思是"樱桃"。酿酒师将不太酸也不太甜的樱桃放入兰比克啤酒浸泡数月，便酿得克里克啤酒。眼见这种水果啤酒大获成功，酒厂便又推出了覆盆子啤酒（Frambozen）、黑加仑子啤酒，甚至还有黄香李啤酒与香蕉啤酒。如今，水果啤酒已不再使用新鲜水果酿制，而使用水果糖浆，甚至是合成香精……显然，这与克里克啤酒

最初的酿造方法已毫无关系，味道更是天差地别。

拉格（Lager）

Lager 是德语，原意是"保持、储藏"。在啤酒术语中，"拉格"指的是经过低温贮藏的下发酵啤酒。如今，所有日常饮用的下发酵啤酒都可以称为"拉格"，大多是含有啤酒花的金啤。对于"真啤酒"爱好者而言，"拉格"已经成为贬义词，然而它其实也是"品质"的同义词，尤其适用于部分德国啤酒。

轻啤（Light）

Light 是英语，意思是"轻的"。轻啤酒精度介于 1% 至 3%，历史悠久，过去大多配餐饮用，如今也依旧被称为"家庭啤酒"或"配餐啤酒"，主要流行于诺尔省及阿尔萨斯地区。轻啤的包装规格为 1 升，瓶子带有陶瓷卡扣，非常适合进餐时饮用。近年来，轻啤的销量锐减，甚至几近消失。不过，在人们为这种啤酒冠上了"轻"这个字后，它便又重新流行了起来。自 20 世纪 80 年代起，"轻"的概念在餐饮行业大行其道。和无酒精啤酒有点类似，轻啤（酒精度约为 3%）的主要卖点是健康，喝了不发胖，且非常解渴。

奢华啤酒（Luxe）

这种啤酒的酒精度介于 4.5% 至 5.5% 之间，高于配餐啤酒及博克啤酒（后者如今已几乎消失），被法国当局命名为"奢华啤酒"。在如今的法国啤酒市场中，奢华啤酒占据了 25% 的市场份额，较 2000 年缩减了一半多。然而在普通消费者心中，奢华啤酒（无论是扎啤还是 250 毫升瓶装）就是啤酒这种酒饮的代表。消费者对于啤酒最首要的要求是解渴，不要太苦，新鲜就好，没有什么比变质且无味的金啤更糟糕的了！人们有时会看不起奢华啤酒，将其等同为"大兵的酒饮"。然而，这种啤酒值得更好的评价，它口感平衡，没有明显缺陷，能够解渴，又不像汽水那么甜腻，当然，前提是以合适的方式呈现给消费者。

淡味啤酒（Mild）

指英国的淡味艾尔，苦度低于苦味啤酒。

慕尼黑啤酒（Munich）

诞生于巴伐利亚州首府的一种啤酒。颜色有浅至鲜艳的金色，深至淡淡的琥珀色。特点是麦香浓郁，散发出美妙的香甜气味，啤酒花更偏香型，而非苦型。在制麦业，"慕尼黑"也指一种颜色较深的麦芽品种。

圣诞啤酒（Noël）

节日时饮用的啤酒，酒精度高于日常酒款，香气也更为浓郁，贩售于年末佳节之时。饮用圣诞啤酒是法国诺尔省及阿尔萨斯地区的古老传统，一直延续到今天。有的时候，酒厂会以圣诞啤酒作为"酿酒师的礼物"回馈忠实客户。酿造圣诞啤酒有时也是一项艰巨挑战，酿酒大师会相互比拼创意，争相酿出特别的酒款，但不出售，而是赠送给酒厂的管理人员，甚至是当地的名流。

近20年来，圣诞啤酒重回法国啤酒市场，这要归功于精酿酒厂。为了在市场上脱颖而出，精酿酒厂纷纷推出了圣诞酒款。其他酒厂，包括大型工业酒厂，也步其后尘。此外，在节庆之时，大型零售商也往往需要带有节日色彩的产品装点货架。

黑啤（Noire）

因颜色（酒体全黑）而得名的一种啤酒。真正的黑啤，光线是无法穿透的，这与深色的棕啤（比如波特啤酒）不一样。以烤过的麦芽为原料，便能酿出黑色的啤酒，所需的麦芽量并不多（5%～10%）。香气方面，黑啤不一定具有浓郁的烘烤气息，入口或许是香甜顺滑的。

淡色艾尔（Pale Ale）

传统英式啤酒，酒体呈琥珀色（而非金色，"淡色"一词或许会引人误解）。淡色艾尔的啤酒花含量往往不低，但多为香型啤酒花，而非苦型啤酒花。

什锦鸡尾酒（Panaché）

什锦鸡尾酒由柠檬汽水与啤酒（多为拉格）混合而成。这种酒饮诞生在咖啡馆中，在那里，柠檬汽水与啤酒均由扎啤机打出。要知道，柠檬汽水最初是啤酒厂的产物。麦芽汁发酵时，会释放多余的二氧化碳。酿酒师利用这部分气体为清水充气，再加入糖与柠檬调味，最早的汽水便诞生了，与啤酒一同贩售于咖啡馆中。什锦鸡尾酒如今的消费量较过去下降不少。这种酒饮将啤酒与甜味柠檬汽水结合在一起，受众是那些觉得啤酒太苦的人群。如今，酒厂推出了可即时享用的什锦鸡尾酒，有瓶装的，但更多是金属罐装的。不过，相较于最初咖啡馆中出售的什锦鸡尾酒，瓶装与罐装版本的啤酒含量往往较少，酒精度低于1%。

低浓度啤酒（Petite Bière）

这个词颇具贬义，指代酒精含量低、香气寡淡的啤酒。过去，低浓度啤酒其实就是洗槽[1]滤出的第一道甚至第二道麦芽汁。这两道麦芽汁会与糖化

1　糖化滤出第一道麦芽汁后，麦糟中还会残留一定的糖分。为了不浪费这部分糖，可往麦糟中倒入热水，继续滤出麦芽汁，这个过程称为洗槽。

制得的麦芽汁分开发酵，售价也更低。如今，这种做法已基本消失，糖化制得的数道麦芽汁会混在一起煮沸发酵。

皮尔森啤酒（Pils）

这种啤酒因捷克皮尔森城而得名。1842 年，当地一家酿酒厂（如今仍在经营）使用尚不成熟的下发酵法，首次酿出了金黄透亮、香甜润滑的啤酒，迅速风靡皮尔森城，并传到了德国及其他欧洲国家。上个世纪末，人们甚至将色泽金黄、口感轻盈的解渴啤酒统一称为"皮尔森啤酒"。不同国家、不同时代、不同酒厂酿出的皮尔森啤酒（属于拉格家族），口味、苦度及香气自然与最初版本有所不同。但是，这种啤酒的受欢迎程度是毋庸置疑的，主要因为它非常解渴，带有一丝苦味，完全不甜。

如今啤酒业界中的趋势是将皮尔森啤酒与其他拉格啤酒区分开来，因为前者啤酒花含量高，苦味较为浓郁，后者则柔和一些，味道甚至偏甜。然而，尽管捷克酿酒师付出了一定努力，但这种叫法仍未受到有效保护。

波特啤酒（Porter）

一种上发酵英国啤酒（主要产自伦敦），颜色很深，啤酒花含量极高。18 世纪时的波特啤酒由三种不同年龄的艾尔啤酒混酿而成。装瓶前，酿酒师会把三种艾尔混在一起，进行最后的熟成。波特啤酒口感丰富，营养价值高，19 世纪时受到了工人群体的欢迎，尤其是伦敦港的码头工人。后来，面对世涛啤酒的竞争，波特啤酒逐步淡出市场，20 世纪中期甚至险些消失无踪。如今，世界各地的精酿酒厂又重新推出了这种啤酒。虽然波特啤酒没有明确定义，但人们普遍认为，相较于世涛啤酒，波特啤酒颜色稍浅，苦味较淡，入口更加轻盈，因原料中不含未经制麦的烘烤大麦。

甄选啤酒（Premium）

在美国，甄选啤酒指高端拉格，颜色比标准拉格更趋金黄，酒体也更厚重。这个词主要是商业用词，或者说是广告用词，以和普通啤酒区分开来。但要注意的是，不要将甄选啤酒等同于品质上乘的啤酒，更不要期待它具有创新性。

春季啤酒（Printemps）

指酿成于三月，甚至二月中旬的季节性啤酒。过去有一种非常古老的叫法，叫作"三月啤酒"。20 世纪中期，大型经销商认为这种叫法的时间限定性过强。迫于压力，"三月啤酒"便渐渐消失了。如今的春季啤酒没有确切定义，主要是一种营销手段。消费者往往会以为春季啤酒是清爽的，具有花香或草木香，酒精度不高，但事实并非如此。

纯麦啤酒（Pur Malt）

Pur Malt 这个词多见于法国，指仅以大麦麦芽酿造的啤酒，未添加玉米、大米或麦芽糖浆，有别于大多数下发酵啤酒。

烟熏啤酒（Rauchbier）

烟熏风味的德式啤酒，制麦时会以山毛榉木烘干麦芽。这种啤酒是德国城市班贝格的特色，由自行制麦的精酿酒厂酿造，产量很小。烟熏啤酒风味鲜明，可柔可刚，既有酒精含量低的酒款，也有焦糖口味的烈性棕啤款。

啤酒纯净法（Reinheitsgebot）

1516 年，巴伐利亚选帝侯威廉四世颁布了这一法令，禁止使用除大麦、水、啤酒花以外的原料酿造啤酒。此法令仅生效了一年，且仅在巴伐利亚地区施行。颁布《啤酒纯净法》的主要目的是限制酒厂售价及销售的啤酒数量；实际上，其根本目的在于禁止使用除大麦以外的其他谷物（尤其是小麦及黑麦）酿造啤酒，因为只有大麦无法制作面包，而这部法令出台的背景原因正是农业歉收。中世纪至 18 世纪，欧洲各国都根据谷物短缺的情况出台了类似法令。

第一次世界大战后，德国酿酒师又搬出了这部《啤酒纯净法》，以对付海外竞争对手。有的海外啤酒厂会使用大米或玉米酿酒，从而降低成本。德国《啤酒纯净法》迫使酿酒师只能使用大麦麦芽，但该法令仅适用于下发酵啤酒，许多上发酵啤酒并不受限制（比如德式小麦白啤）。

《啤酒纯净法》实际是一种保护主义政策，长期以来，它一直保护着德国酿酒师。直到上个世纪末，欧盟才终于废除了这一法令。

无酒精啤酒（Sans Alcool）

无酒精啤酒，酒精度低于 1.2%，出现于 20 世纪 60 年代，主要受众为禁酒国家的民众（中东）、年轻人、运动员及医护人员。无酒精酒款有来自洛林的有机尚比啤酒（Bio-Champi），以及来自盖扬啤酒厂（Brasserie de Gayant）的塞尔塔啤酒（Celta），后者是首款无酒精扎啤。虽然酿酒师对于无酒精啤酒的酿造技艺守口如瓶，但据我所知，这种啤酒有两种酿造方法。第一种是尽早停止发酵进程，将酒精度保持在最低限度。然而，使用这种方法酿出的啤酒就算过滤多次，酒液中依然有糖分残留，口感黏腻。第二种方法是对酒液进行脱醇处理，处理方式有许多，大多比较复杂，而且较昂贵。不过，如此酿出的酒液不会有糖分残留，且能更好地保留啤酒的主要风味特征，尤其是苦味。20 世纪 80 年代，无酒精啤酒风靡法国，比如图尔泰啤酒（Tourtel）及后来的圆盾啤酒（Buckler），销售量接近亿万升，且有多种酒款：金啤、琥珀啤酒及棕啤。

但是这股热潮很快就冷却下来，啤酒爱好者不再青睐这种并不解渴且甜度过高的啤酒。其余消费者则被可乐、柠檬汽水及果汁饮料吸引了过去。

苏格兰艾尔（Scotch Ale）

一种源起于爱丁堡的啤酒（从名字就能看出来），一大特征是口感十分顺滑，因当地酿造用水的矿物质含量几近于零。传统的苏格兰艾尔是烈性棕啤或黑啤（7%～8%），以下发酵法酿造而成，贮酒期长（达到 6 个月），几乎不具有苦味，甚至有些甜甜的。自第一次世界大战结束后（第二次世界大战开始前），这种啤酒出人意料地在比利时取得了一定发展。部分酿酒师（主要是佛兰德斯地区的酿酒师）担心，英式啤酒会带来激烈竞争。于是，他们也着手酿制苏格兰风格的烈性棕啤，比如戈登（Gordon）苏格兰艾尔及麦克尤恩（Mc Ewan's）苏格兰艾尔。有的消费者（尤其是法国消费者）误以为这些啤酒来自苏格兰。

特种啤酒（Spéciale）

法国特有的啤酒术语，指酒精度高于 5.5% 的啤酒。1947 年，法国政府出台法令，限制咖啡馆中的酒饮价格，"奢华啤酒"便是被限制的品类之一。酒饮价格冻结了 40 年，于酿酒商及咖啡馆均无好处。于是，法国酿酒师开创了另一种下发酵金啤，取名为"特种啤酒"，如此便能不受法律限制。为了让特种啤酒配得上较高的售价，酿酒师为其赋予了更高的酒精度、更丰富的香味，以及更长的余味。原来，政府法规也能激发人们的创造性……如今，"奢华啤酒"的这些的"副产品"已成为正当商品，得到长足发展，且价格冻结法令也早已废除。不要混淆特种啤酒与特色啤酒（spécialité），后者指代奢华啤酒与特种啤酒以外的其他一切啤酒。这种乱七八糟的分类方式实在令消费者头疼。

蒸汽啤酒（Steam Beer）

美国西海岸的一种啤酒。这个叫法一直没有确切解释，或许指代的是当年那些为啤酒厂输送能量的蒸汽机。如今，"蒸汽啤酒"是洛杉矶铁锚啤酒厂的注册品牌。铁锚酒厂创建于 1896 年，创始人是两名德国酿酒师。这家酒厂可谓多灾多难，曾遭遇多次火灾，并在禁酒令期间关门大吉。就在酒厂快要支撑不下去时，一位年轻的啤酒爱好者弗利次·梅塔格（Fritz Maytag）拯救了它。酒厂重启生产，并保留了传统的精酿工艺，比如以敞口式酒桶发酵、不以冰块冷却酒液等。蒸汽啤酒还有一个特点：使用下发酵酵母以上发酵温度（13 摄氏度至 24 摄氏度）发酵！因此，这种啤酒酒体十分饱满，香气妙不可言。

世涛（Stout）

深黑色的上发酵英式啤酒，酿造原料为焙烤过的麦芽及烘烤程度极深的未经制麦的大麦。

世涛啤酒源自英格兰，于18世纪由波特啤酒演变而来，在爱尔兰得到了长足发展，只因当地的税收政策更为有利。爱尔兰世涛干爽厚重，酒精度不一定很高，英格兰世涛更为圆润柔和。波罗的海国家及俄罗斯也有酿造世涛的传统，不同国家的酒款在苦度及酒精度上有着较大差异。世涛在起源地（尤其在爱尔兰！）似乎已不再流行，反而受到了世界其他地区精酿师的青睐，首先是美国，然后是法国与意大利。不同酒厂酿出的世涛在香型上迥然不同，但它们都有一个共同点，那就是酒体黝黑。

特拉普派修道院啤酒（Trappiste）

指由特拉普派熙笃会修道院的修道士酿造，或在他们监管之下酿造的上发酵啤酒。这种修道院共有11所（截至2015年末），比利时6所，荷兰2所，奥地利、美国、意大利各1所，酿制了共计32款啤酒。富有修道院色彩的啤酒令许多啤酒爱好者浮想联翩，但我们至少应该明确两个重要问题。第一，人们总认为这种啤酒的历史可追溯至中世纪，然而事实未必如此。原因在于法国大革命后，比利时的所有特拉普派修道院都已关闭，修道士散落各方。这些修道院花了极长时间才重新打开大门，少则五十年，多则百余年。在这种情况下，我们很难相信修道院的原始啤酒配方能够流传至今。第二，"特拉普派修道院啤酒"指的根本不是某一种啤酒风格。不同修道院酿出的啤酒有着巨大差异，就连同一修道院酿制的不同系列也有所不同。只要同时尝尝奥威啤酒与智美蓝帽啤酒（Chimay bleue），就能明白这一点。

三料啤酒（Triple）

源自比利时的烈性啤酒，近年在精酿圈中风头越来越盛。有的三料啤酒会经历三次发酵，即初次发酵、贮酒以及装瓶后的再次发酵，但这不是必需的。过去，"三料"一词指的是啤酒品质。那时，不同酒精度的比利时啤酒没有特定名称或品牌，人们仅使用"单料""双料""三料"等叫法指代不同酒厂生产的酒精度各异的啤酒。如今若说到三料啤酒，消费者所预期的会是一款散发浓郁芳香的上发酵烈性啤酒（酒精度至少为7%）。

德式小麦白啤（Weisse/Weizen）

以大麦及小麦为原料的德式啤酒，是柏林、不来梅、巴伐利亚州及巴登-符腾堡州的特色。德式小麦白啤与比利时白啤差异较大，色泽更显金黄，有的甚至是琥珀色或棕色的，但两者的酒液同样清亮。德式小麦白啤中未添加任何香料。

→ 啤酒瓶的金属瓶盖（第168、169页）。

图片来源

P. 4 © rudisill - istockphoto.com

P. 8 © duncan1890 - istockphoto.com

P. 10 © AmandaLewis - istockphoto.com

P. 11 © Rafael Ben-Ari - 123RF.com.

P. 13 © ZU_09 - istockphoto.com

P. 14 © duncan1890 - istockphoto.com

P. 16 © duncan1890 - istockphoto.com

P. 18 © nicoolay - istockphoto.com

P. 19 © duncan1890 - istockphoto.com

P. 20 © ZU_09 - istockphoto.com

P. 21 © duncan1890 - istockphoto.com

P. 22 © ToniFlap - istockphoto.com

P. 25 © halbergman - istockphoto.com

PP. 26-27 © Rike_ - istockphoto.com

P. 30 © pawel.gaul - istockphoto.com

P. 33 © urbancow - istockphoto.com

P. 34 © ZU_09 - istockphoto.com

P. 36 © AndrisTkachenko - istockphoto.com

P. 37 © MartinPrague - istockphoto.com

P. 38 © RyanJLane - istockphoto.com

P. 40 © RyanJLane - istockphoto.com

P. 41 © Veronika Roosimaa - istockphoto.com

P. 46 © Mrakor - fotolia.com

P. 48 © matzaball - fotolia.com

P. 50 © KittyKat - fotolia.com

P. 51 © ClarkandCompany - istockphoto.com

P. 52 © nordroden - fotolia.com

P. 54 © gashgeron - istockphoto.com

P. 56 © WavebreakMediaMicro - fotolia.com

P. 57 © Jarin13 - istockphoto.com

P. 58 © imamember - istockphoto.com

PP. 60-61 © Ivankish - istockphoto.com

P. 63 © peart - istockphoto.com

P. 64 © urbancow - istockphoto.com

P. 65 © Yuri - istockphoto.com

P. 69 (en haut) © brasserie des Vignes | Gilbert Delos

P. 69 (en bas) © brasserie des Vignes | photo WIP design

P. 71 (en haut) © brasserie Cantillon | photo WIP design

P. 71 (en bas) © brasserie Cantillon | Gilbert Delos

P. 72 © brasserie du mas Andral | Gilbert Delos

P. 73 © brasserie du mas Andral | photo WIP design

P. 74 © brasserie du mas Andral | Gilbert Delos

P. 75 © brasserie Lancelot | photo WIP design

P. 76 © brasserie Lancelot | Gilbert Delos

P. 78 © brasserie du pays flamand | photo DR

PP. 79-80 © brasserie du pays flamand | Gilbert Delos

P. 81 © brasserie Dubuisson | photo DR

P. 82 © brasserie Dubuisson | Gilbert Delos

P. 83 © brasserie Garland | photo WIP design

P. 84 © brasserie Garland | Gilbert Delos

P. 85 © brasserie de la Goutte-d'Or | photo WIP design

PP. 86-87 © Click_and_Photo - istockphoto.com

P. 88 © brasserie de la Goutte-d'Or | Gilbert Delos

P. 89 © brasserie Ninkasi | photo WIP design

P. 90 © brasserie Ninkasi

P. 91 © brasserie Ninkasi | Gilbert Delos

P. 93 (en haut) © brasserie Le Paradis | photo DR

P. 93 (en bas) © brasserie Le Paradis | Gilbert Delos

P. 96 © marcduf - istockphoto.com

P. 100 © ramoncin1978 - fotolia.com

P. 102 © RBOZUK - istockphoto.com

P. 105 © ClaudeMic - istockphoto.com

P. 109 © Foxys_forest_manufacture - istockphoto.com

P. 111 © bhofack2 - istockphoto.com

P. 113 © paulzhuk - istockphoto.com

P. 116 (de gauche à droite) © brasserie Lepers | disponible chez saveur-biere.com ; © brasserie du Pays Flamand | disponible chez saveur-biere.com ; © brasserie de Ryck | disponible chez saveur-biere.com ; © brasserie de la Goutte-d'Or | photo WIP design

P. 117 (de gauche à droite) © brasserie Saint Germain | photo DR ; © brasserie Theillier | photo WIP design ; © brasseurs de Lorraine | photo DR ; © brasserie Bolten | photo WIP design

P. 118 (de gauche à droite) © Brooklyn brewery | disponible chez saveur-biere.com ; © brasserie Dubuisson | disponible chez saveur-biere.com ; © brasserie Cantillon | photo WIP design ; © brasserie Het Anker | disponible chez saveur-biere.com

P. 119 (de gauche à droite) © brasserie la Caussenarde | photo WIP design ; © brasserie Castelain | photo DR ; © brasserie Pietra | disponible chez saveur-biere.com ; © brasserie Bosteels | disponible chez saveur-biere.com

P. 120 (de gauche à droite) © brasserie Duvel-Moorgat | disponible chez saveur-biere.com ; © brasserie des Sources | photo WIP design ; © brasserie Thiriez | photo WIP design ; © brasserie Rouget de Lisle | photo DR

P. 121 (de gauche à droite) © brasserie de la Pleine Lune | photo WIP design ; © brasserie Kronenbourg | photo DR ; © Kiuchi Brewery | photo DR ; © brasserie Duyck | photo DR

P. 122 (de gauche à droite) © brasserie du Mont Blanc | disponible chez saveur-biere.com ; © brasserie AB-InBev | disponible chez saveur-biere.com ; © brasserie de Marsine | photo WIP design ; © brasserie Mélusine | photo DR

P. 123 (de gauche à droite) © brasserie du Mont Salève | photo WIP design ; © brasserie Orval | disponible chez saveur-biere.com ; © brasserie Parisis | photo dr ; © L'Agrivoise | photo WIP design

P. 124 (de gauche à droite) © brasserie Van Steeberge | disponible chez saveur-biere.com ; © brasserie de la Senne | disponible chez saveur-biere.com ; © brasserie Rivière d'Ain | photo DR ; © brasserie Saint-Loupoise | photo WIP design

P. 125 (de gauche à droite) © Atelier de la bière | photo WIP design ; © brasserie Traquair House | disponible chez saveur-biere.com ; © ferme-brasserie du Vexin | photo WIP design ; © brasserie des Vignes | photo WIP design

P. 130 © ffphoto - fotolia.com

P. 135 © rez-art - istockphoto.com

P. 138 © rozmarina - istockphoto.com

P. 140 © ansonmiao - istockphoto.com

P. 142 © Lisovskaya - istockphoto.com

PP. 144-145 © laughingmango - istockphoto.com

P. 147 © Eduardo1961 - istockphoto.com

P. 148 © Lauri Patterson - istockphoto.com

P. 149 © wayne0810 - istockphoto.com

P. 150 © mphillips007 - istockphoto.com

P. 153 © GMVozd - istockphoto.com

PP. 154-155 © michellegibson - istockphoto.com

P. 158 © click_and_photo - fotolia.com

P. 159 (gauche) © VTT Studio - fotolia.com

P. 159 (droite) © SlobodanMiljevic - istockphoto.com

P. 160 (gauche) © KaraGrubis - istockphoto.com

P. 160 (droite) © habrda - fotolia.com

P. 161 (gauche) © Maxal Tamor - fotolia.com

P. 161 (droite) © Syda Productions - fotolia.com

P. 162 (gauche) © stevanovicigor - istockphoto.com

P. 162 (droite) © Zwiebackesser - istockphoto.com

P. 163 © exclusive-design - fotolia.com

P. 164 (gauche) © habrda - fotolia.com

P. 164 (droite) © slava - fotolia.com

P. 165 © habrda - fotolia.com

P. 166 © Kartouchken - fotolia.com

P. 167 (gauche) © JackF - fotolia.com

P. 167 (droite) © zozzzzo - istockphoto.com

PP. 168-169 © Vijak - istockphoto.com

P. 171 © Zoran Kolundzija - istockphoto.com

→ 陈化酒桶。

图书在版编目（ＣＩＰ）数据

好啤酒为什么好：啤酒终极指南 / (法) 吉贝尔·
德洛斯著；刘可澄译. -- 北京：中国友谊出版公司，
2024. 12. -- ISBN 978-7-5057-5998-5

Ⅰ. TS262.5

中国国家版本馆CIP数据核字第202497EV48号

著作权合同登记号　图字 01-2024-4010

Originally published in France as:

Bières - Le guide ultime by Gilbert Delos

©2017, Dunod, Malakoff

Current Simplified Chinese language translation rights arranged through Divas International, Paris

巴黎迪法国际版权代理（www.divas-books.com）

书名	好啤酒为什么好：啤酒终极指南
作者	[法] 吉贝尔·德洛斯
译者	刘可澄
出版	中国友谊出版公司
发行	中国友谊出版公司
经销	新华书店
印刷	天津联城印刷有限公司
规格	787毫米×1092毫米　16开
	10.75印张　208千字
版次	2024年12月第1版
印次	2024年12月第1次印刷
书号	ISBN 978-7-5057-5998-5
定价	85.00元
地址	北京市朝阳区西坝河南里17号楼
邮编	100028
电话	（010）64678009